马克笔手绘

李国涛★著

MA KE BI SHOU HUI BIAO XIAN JI FA RU MEN JIAN ZHU BIAO XIAN

表现技法入门 建筑表现

（视频教学版）

人民邮电出版社
北京

图书在版编目（CIP）数据

马克笔手绘表现技法入门. 建筑表现 ：视频教学版 / 李国涛著. -- 北京 ：人民邮电出版社，2017.10
ISBN 978-7-115-46444-6

Ⅰ. ①马… Ⅱ. ①李… Ⅲ. ①建筑画－绘画技法 Ⅳ. ①TU204

中国版本图书馆CIP数据核字(2017)第171085号

内 容 提 要

在建筑设计、室内设计、室外设计、装饰设计和工业设计以及其他相关领域里，都是通过手绘快速表现将设计者的构思传达给使用者的，而马克笔手绘快速表现更是初学者必须要掌握的设计手段之一。

本书以案例讲解的方式，从实用的角度循序渐进地讲解了马克笔手绘建筑表现的相关知识，图文详实，语言精练。本书共 6 章内容：第 1 章讲解了建筑表现基础知识；第 2 章介绍了建筑手绘常用工具和用法；第 3 章介绍了建筑配景表现技法；第 4 章介绍了建筑材质与建筑局部表现技法，包含了玻璃表现技法、木材表现技法、石材表现技法、建筑雨篷表现技法、建筑入口表现技法、建筑窗户表现技法、建筑飘窗表现技法、建筑阳台表现技法、建筑楼梯表现技法、建筑栏杆表现技法、建筑连廊表现技法等内容；第 5 章介绍了建筑效果图表现技法和延伸教学案例。最后一章是作品欣赏。本书半数以上的大图均有线稿，方便读者临摹学习。

本书适合初学者自学教材，也适合专业美术培训机构和高校相关专业作为教材；如果配合《马克笔手绘表现技法入门（视频教学版）》《马克笔手绘表现技法入门：室内表现（视频教学版）》，学习效果会更好。

◆ 著　　　　李国涛
　责任编辑　何建国
　责任印制　陈　犇
◆ 人民邮电出版社出版发行　北京市丰台区成寿寺路 11 号
　邮编　100164　电子邮件　315@ptpress.com.cn
　网址　http://www.ptpress.com.cn
　北京捷迅佳彩印刷有限公司印刷
◆ 开本：787×1092　1/16
　印张：13.5　2017 年 10 月第 1 版
　字数：707 千字　2024 年 8 月北京第 13 次印刷

定价：69.80 元

读者服务热线：(010)81055296　印装质量热线：(010)81055316
反盗版热线：(010)81055315
广告经营许可证：京东市监广登字 20170147 号

目录

第1章

建筑表现基础

1.1 素描与色彩基础

1.1.1 素描基础

素描原理是造型艺术的基础，是表现空间形体的一种观察方法。

学会用素描关系塑造简单的形体，为练习在二维平面上塑造三维的空间感打下基础。这也为以后掌握从简单过渡到复杂形体的绘制方法做好准备。

1.1.2 素描作品欣赏

分别用不同工具练习下面简单的几何体：球体、方体、圆柱体等。

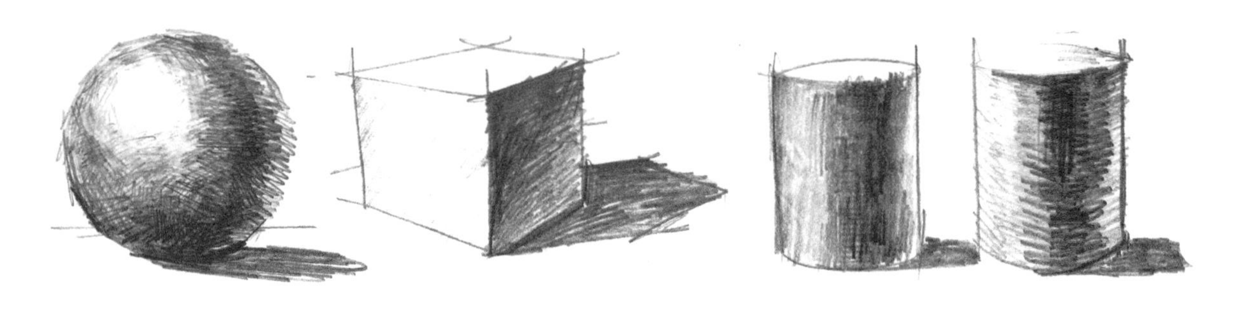

许丹

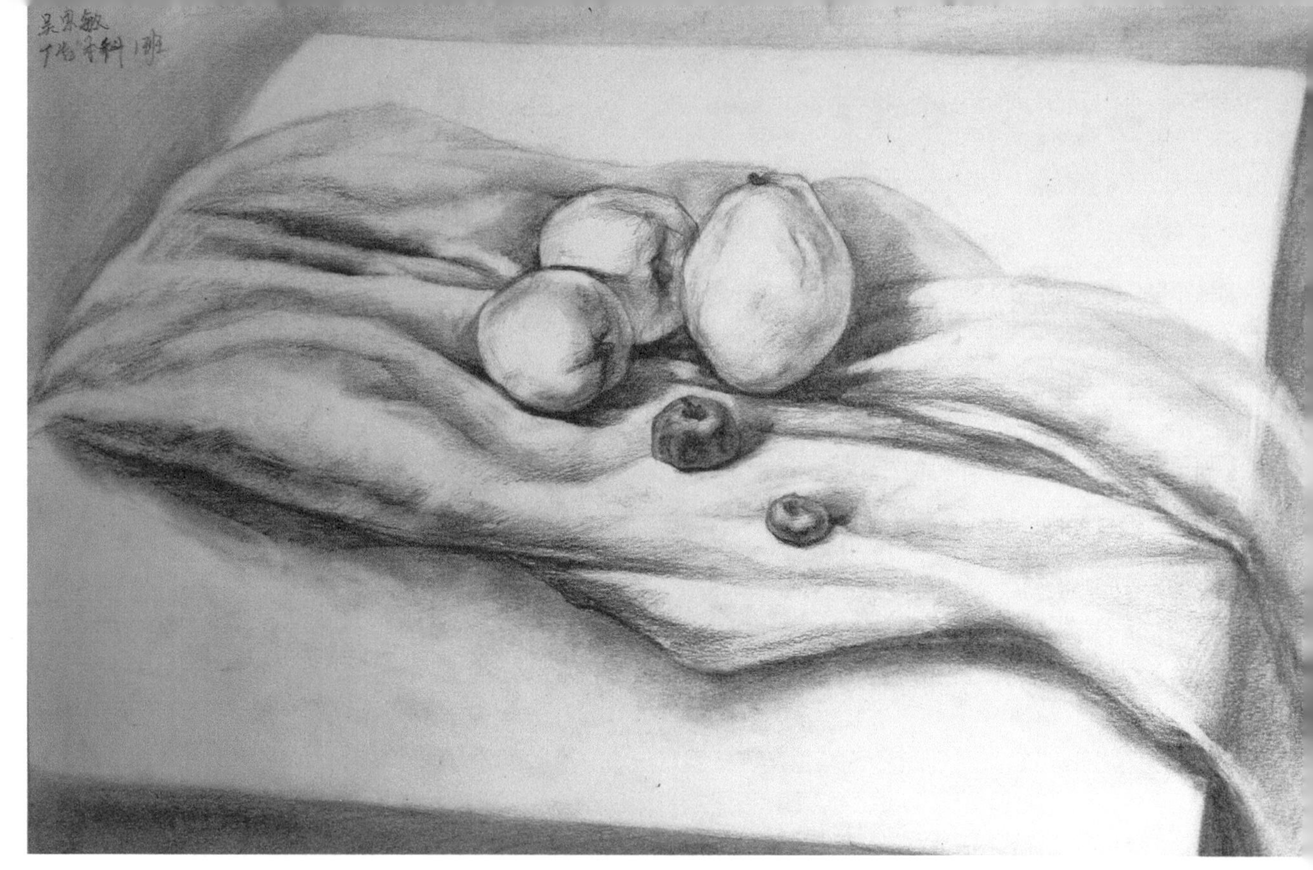

吴思敏

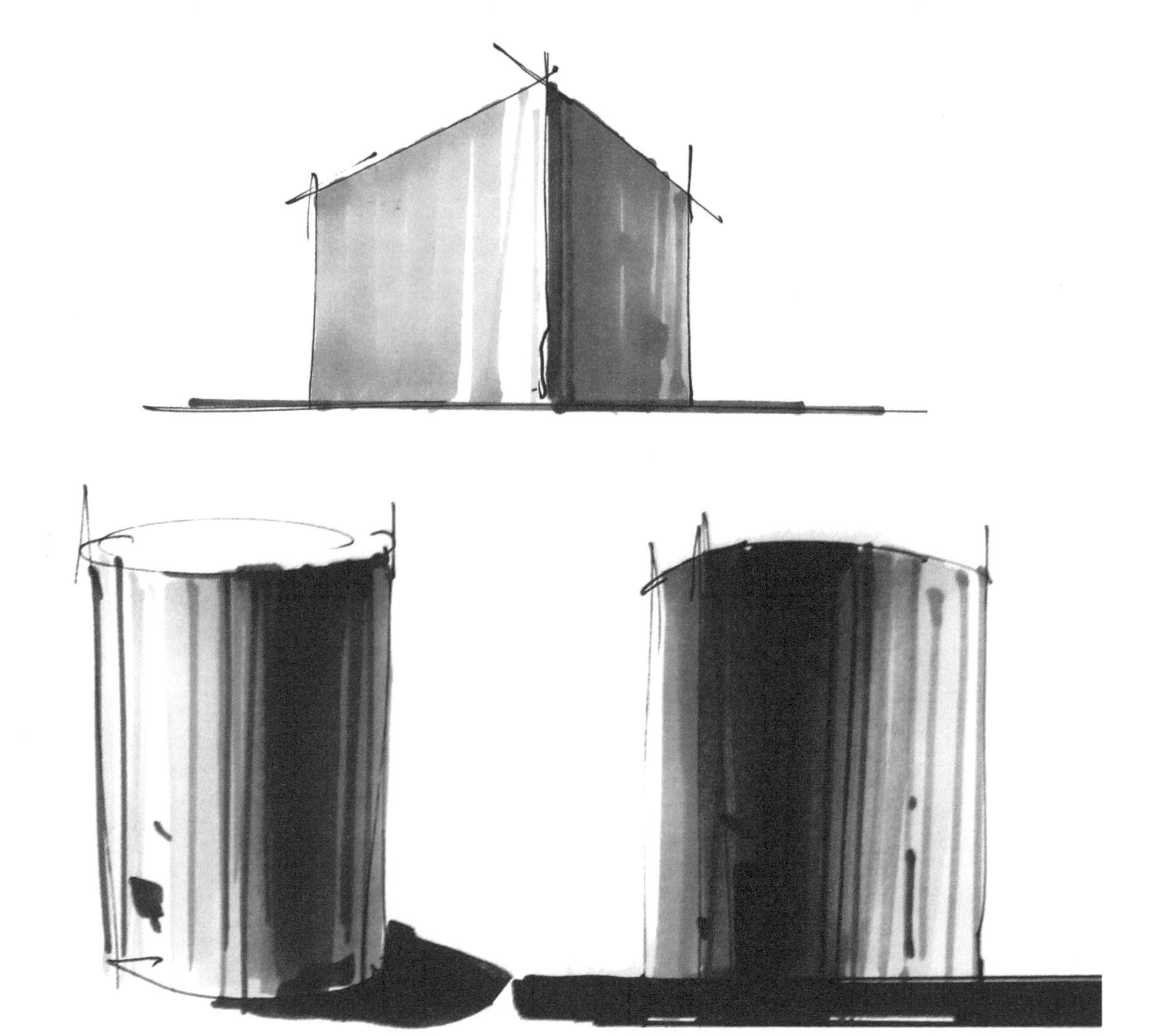

用明暗关系表现方体、圆柱体

1.1.3 色彩基础

色彩是物体被光照射后，光反射到人眼视神经上所产生的感觉。不同的色相是由光线照射在物体上反射出长短不同的波长所决定的，会显出红、橙、黄、绿、青、蓝、紫等色彩。

红、黄、蓝由于纯度高，是绘画中最为基本的颜色，被称为三原色；间色又称二次色是由两种原色等量相加调成的色彩；复色又称三次色是由两种间色等量相加或三原色适当混合而成的色彩。

明度：色彩所具有的亮度和暗度被称为明度。

色彩明度变化的原因有许多，如不同色相之间的明度变化。再如在某种色彩里面添加白色后，明度会逐渐提高。环境的亮度也会影响色彩明度的变化。

纯度：色彩的鲜艳程度，或称饱和度。

原色是纯度最高的色彩，色彩混合的次数越多，纯度越低；反之纯度越高。

色相：色彩的相貌和特征。

是指某种物体在自然光照环境下给人的色彩印象。

1.1.4 色彩作品欣赏

不同色调作品欣赏。

冷灰色调

暖黄色调　奚亚妮

同色系色彩搭配：选用同色系的深浅不同色来表现物体的明暗关系。

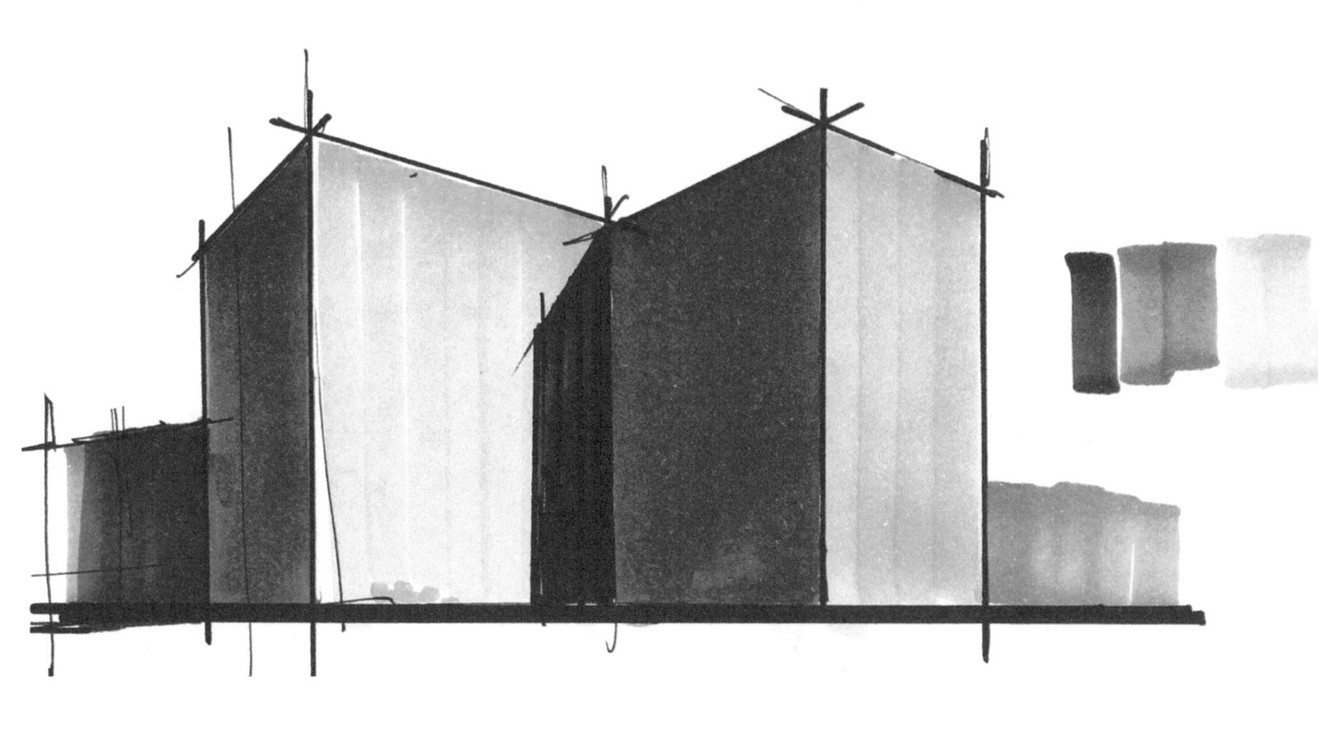

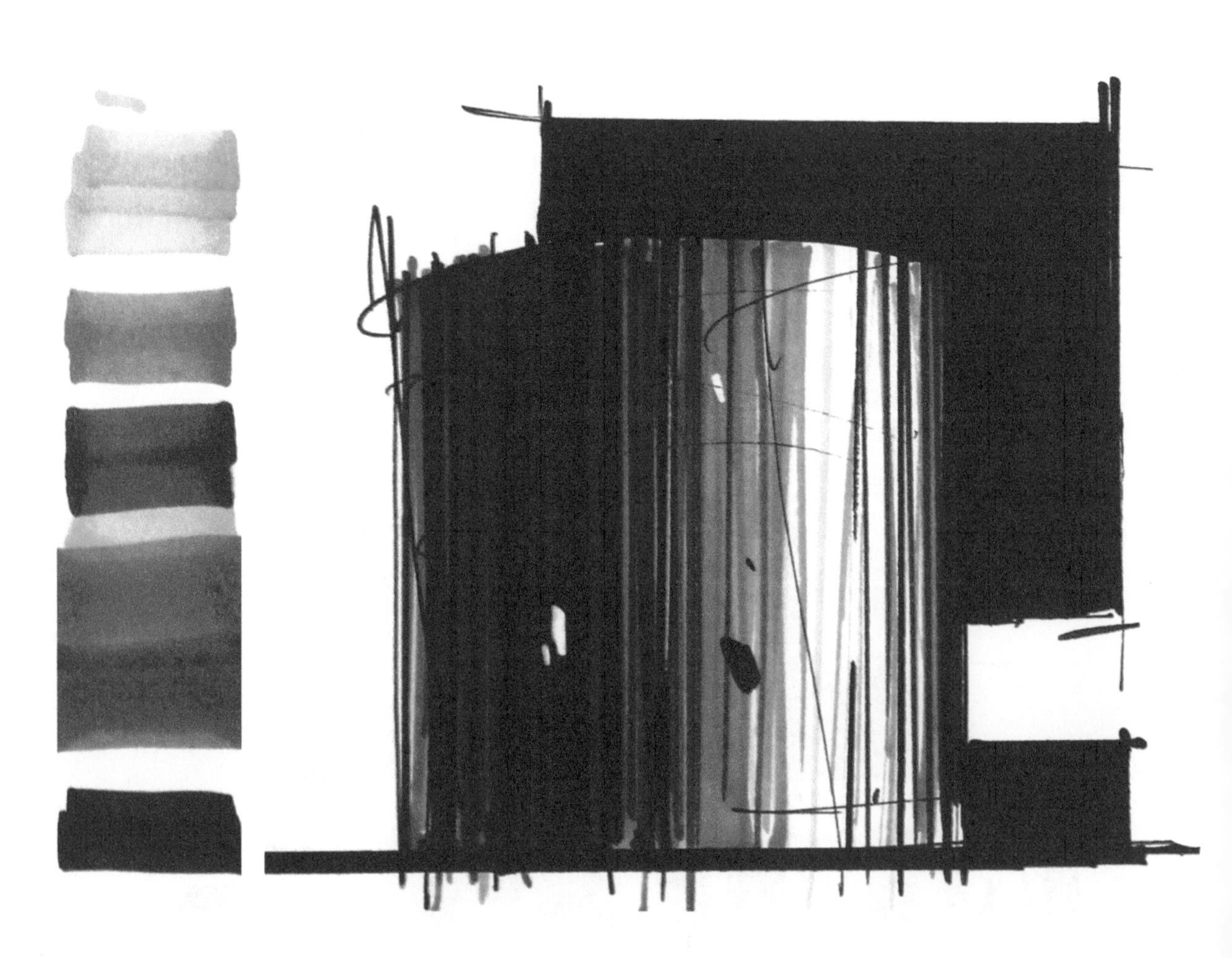

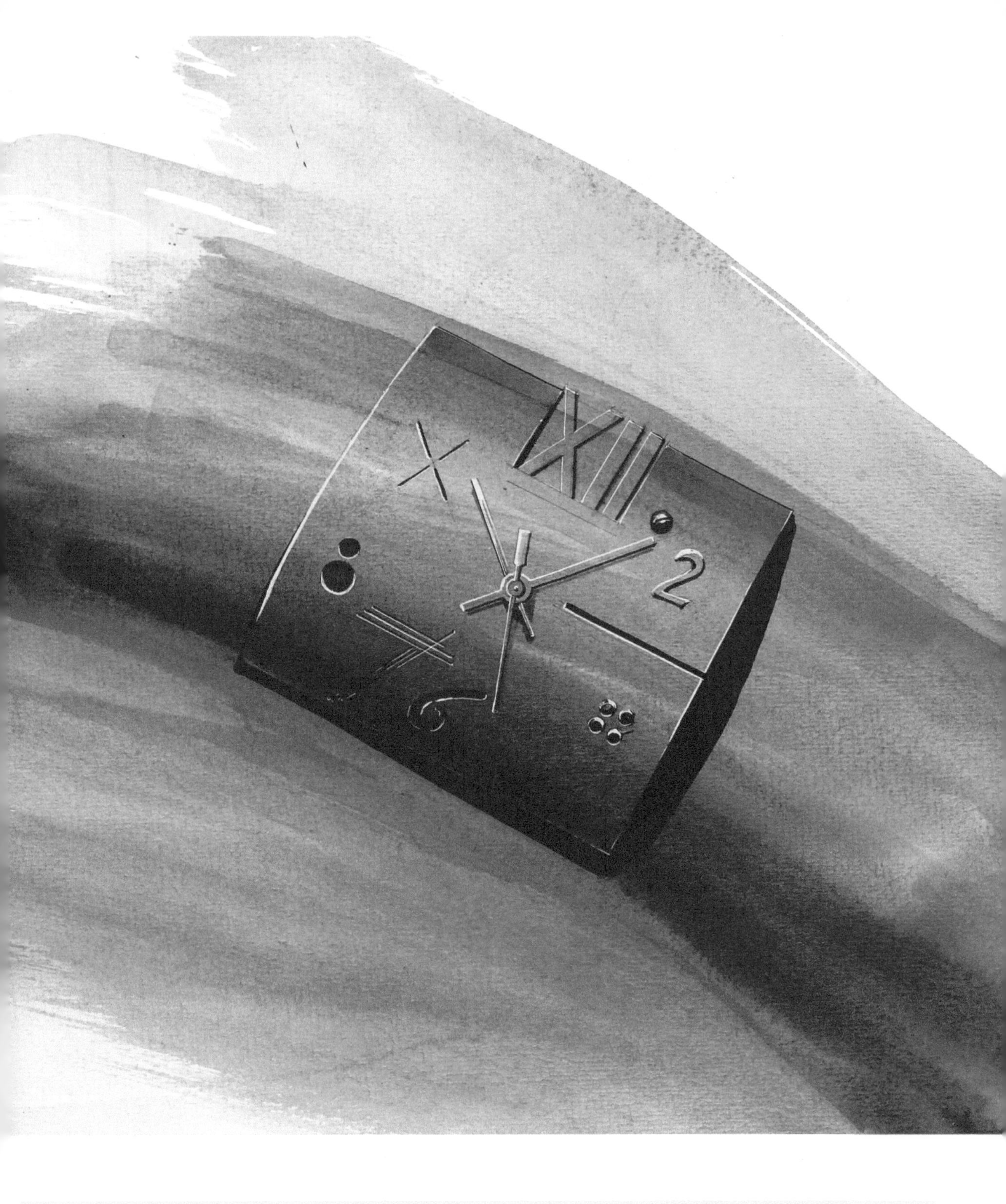

1.2 透视基础

透视是人的一种视觉现象，是指在平面上的中心投影或在平面上的圆锥形投影。即视点（眼睛位置）与景物间直立一透明平面，透过平面观察景物，并将景物描绘在平面上的方法。

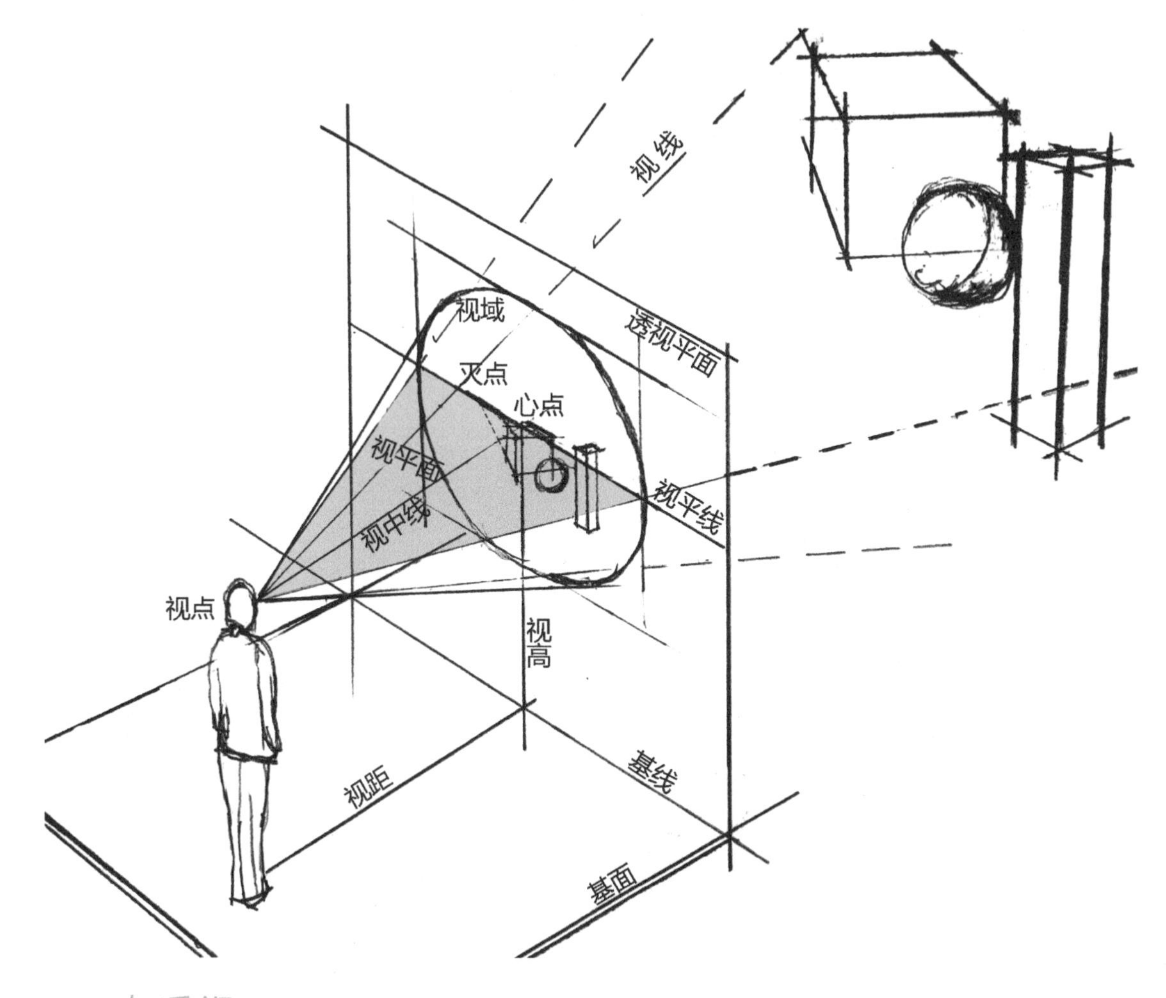

1.2.1 一点透视

一点透视又称平行透视，一般是指空间场景中主要内容的景物的一组面与透视平面构成平行关系时的透视关系。其特点是表现范围广、对称感强、纵深感强。一点透视法适合表现庄重、严肃的大场景。

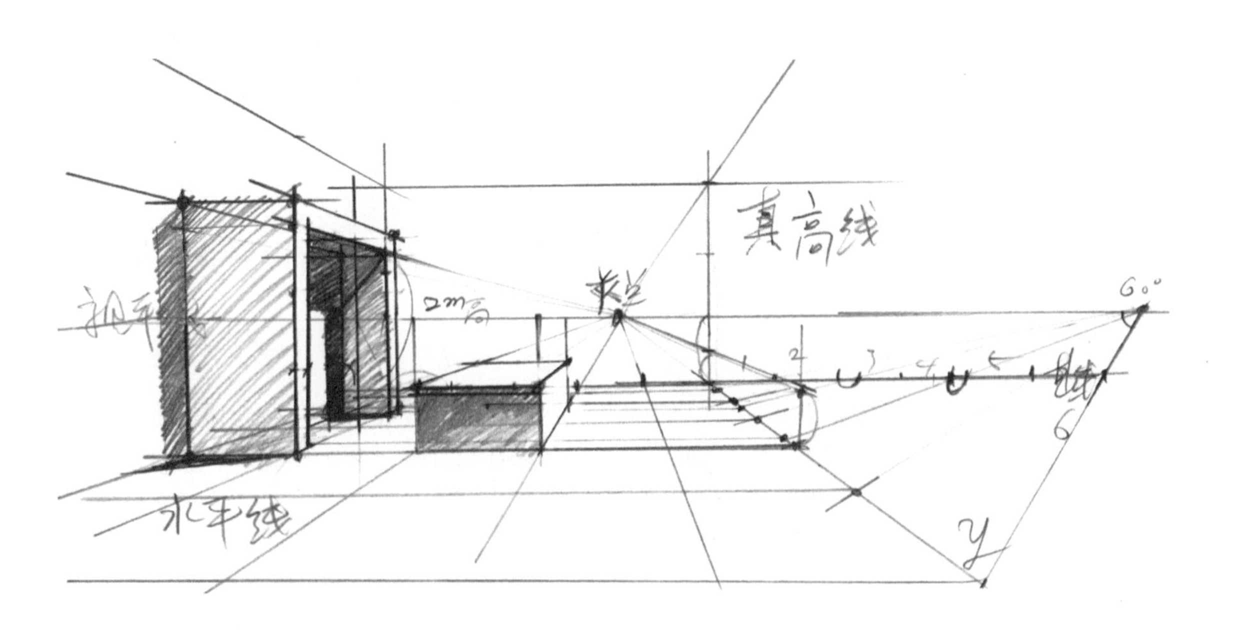

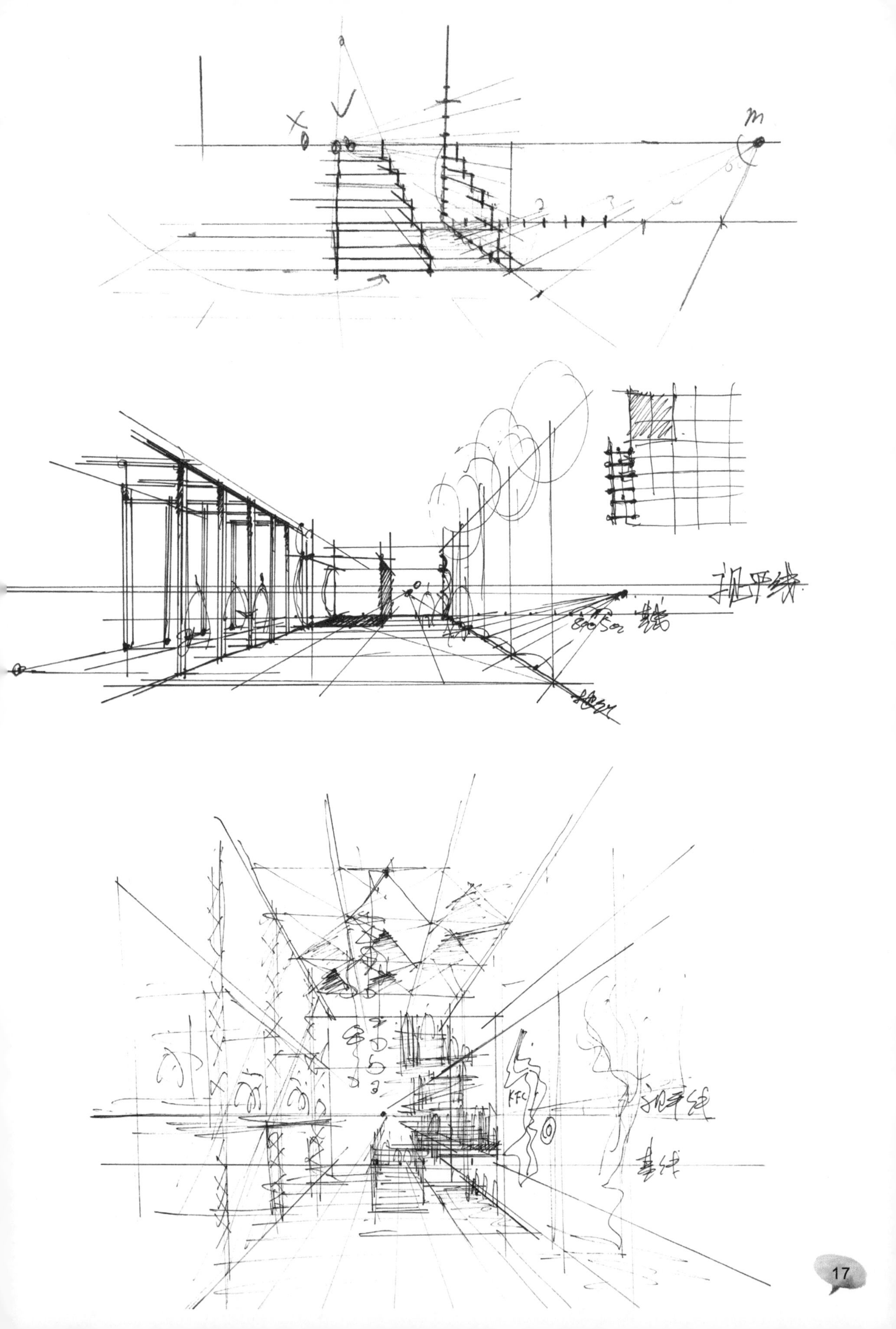
m
视平线
KFC
视平线
基线

1.2.2 两点透视

两点透视又称成角透视，即在空间场景中主体物的二组面与透视平面构成成角关系时的透视。成角透视的特点是动强烈、画面生动、活泼，表现范围较平行透视的范围小，对称感与纵深感较弱。这种透视适合表现小范围的场景。

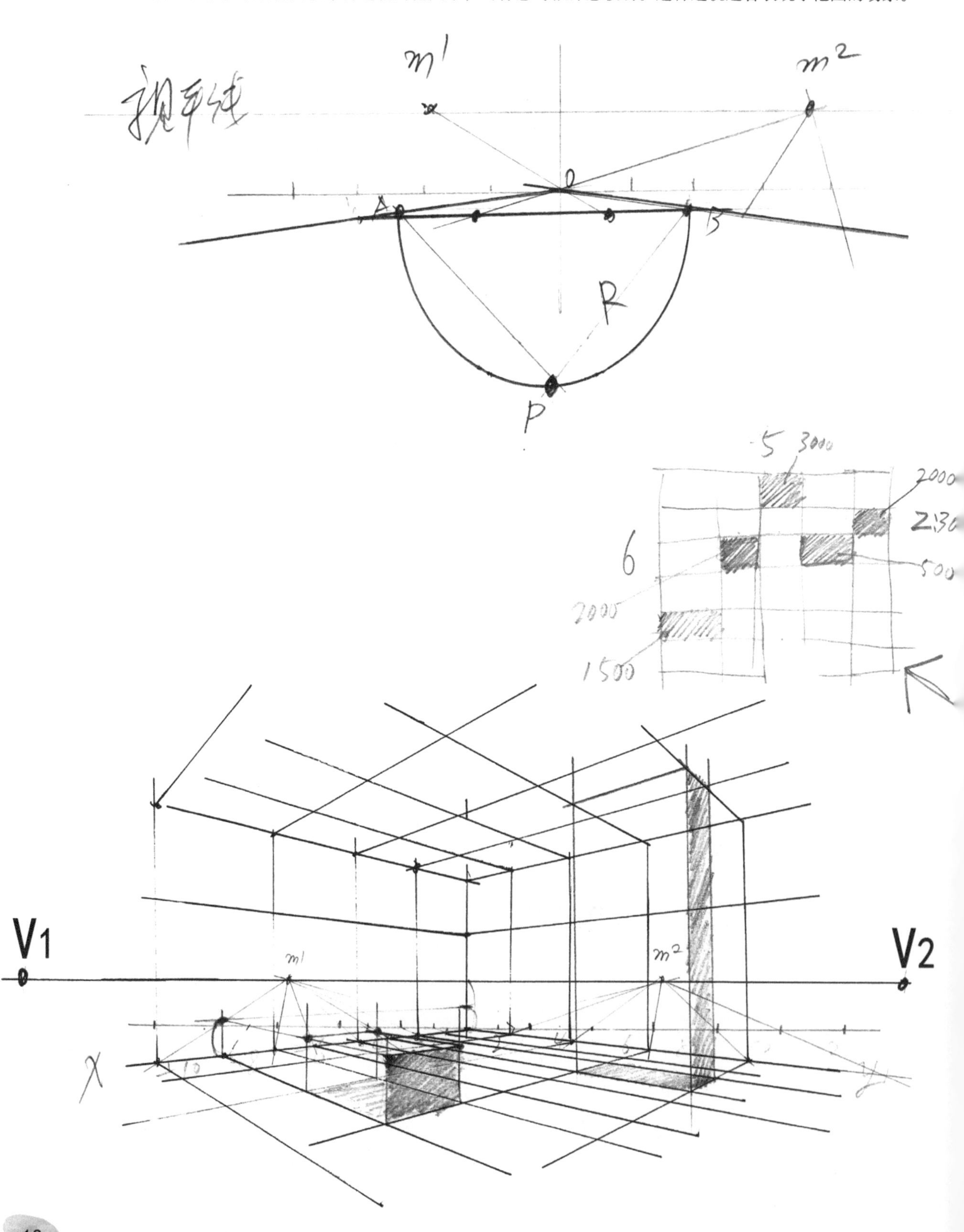

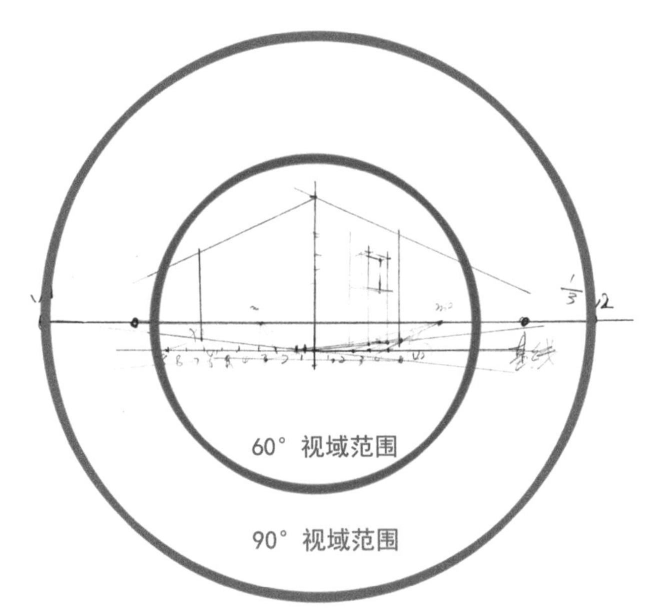

红色圈内为90°视域范围，蓝色圈内为60°视域范围

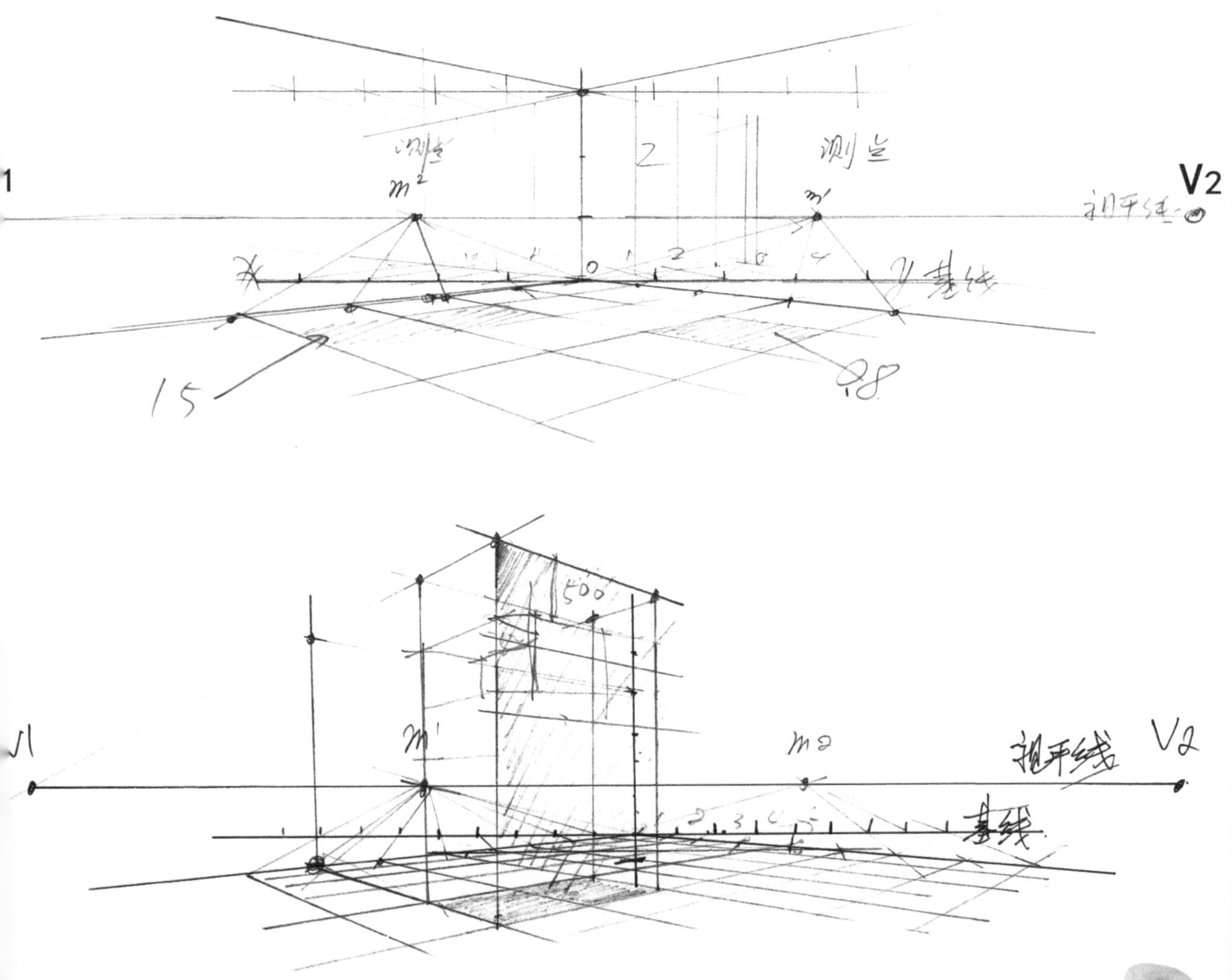

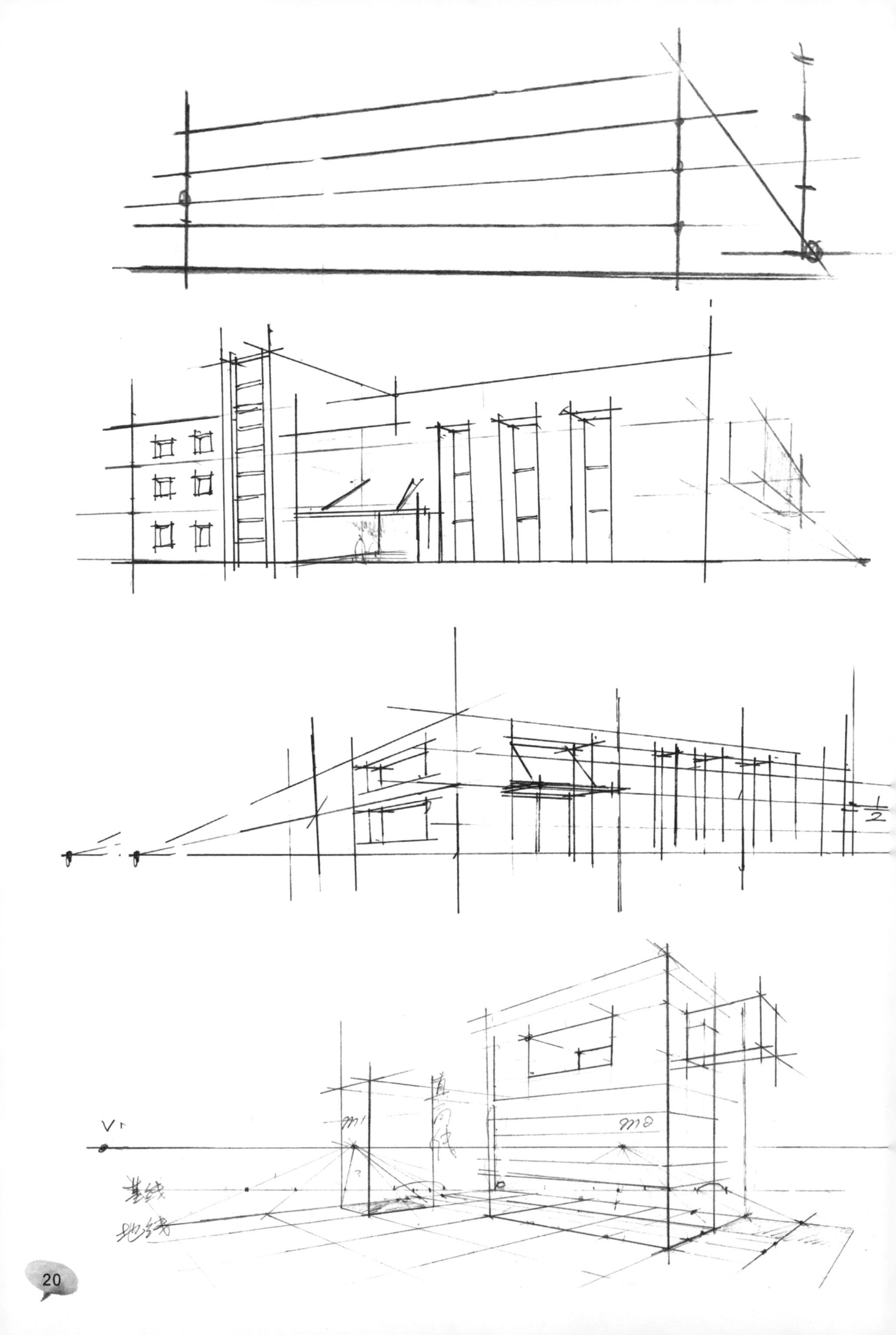
1/2
V
m1
基线
地线

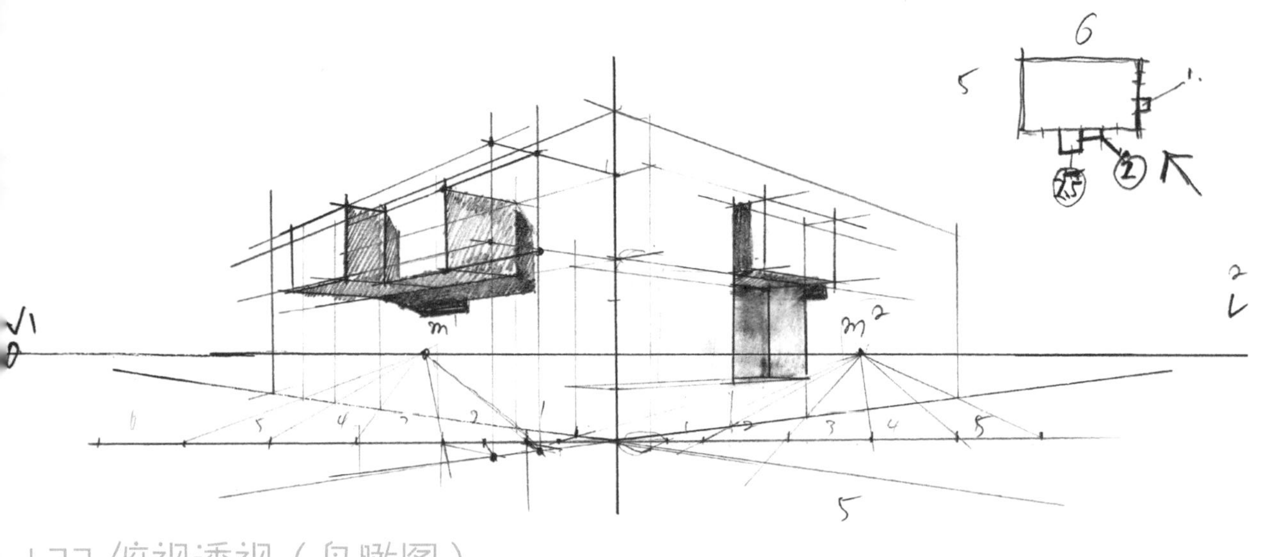

1.2.3 俯视透视（鸟瞰图）

俯视透视一般是指视点高于景物的透视图，也称鸟瞰图。由于视点在景物上界面的上方，所以俯视透视（鸟瞰图）能展现不同的设计内容。

可以把平面图以网格的形式划分出各个物体所在的位置，再做网格化的透视变化。难点在于两个灭点不能在同一透视视平线上，会造成一个高一个低的现象（失去真实的透视效果）。

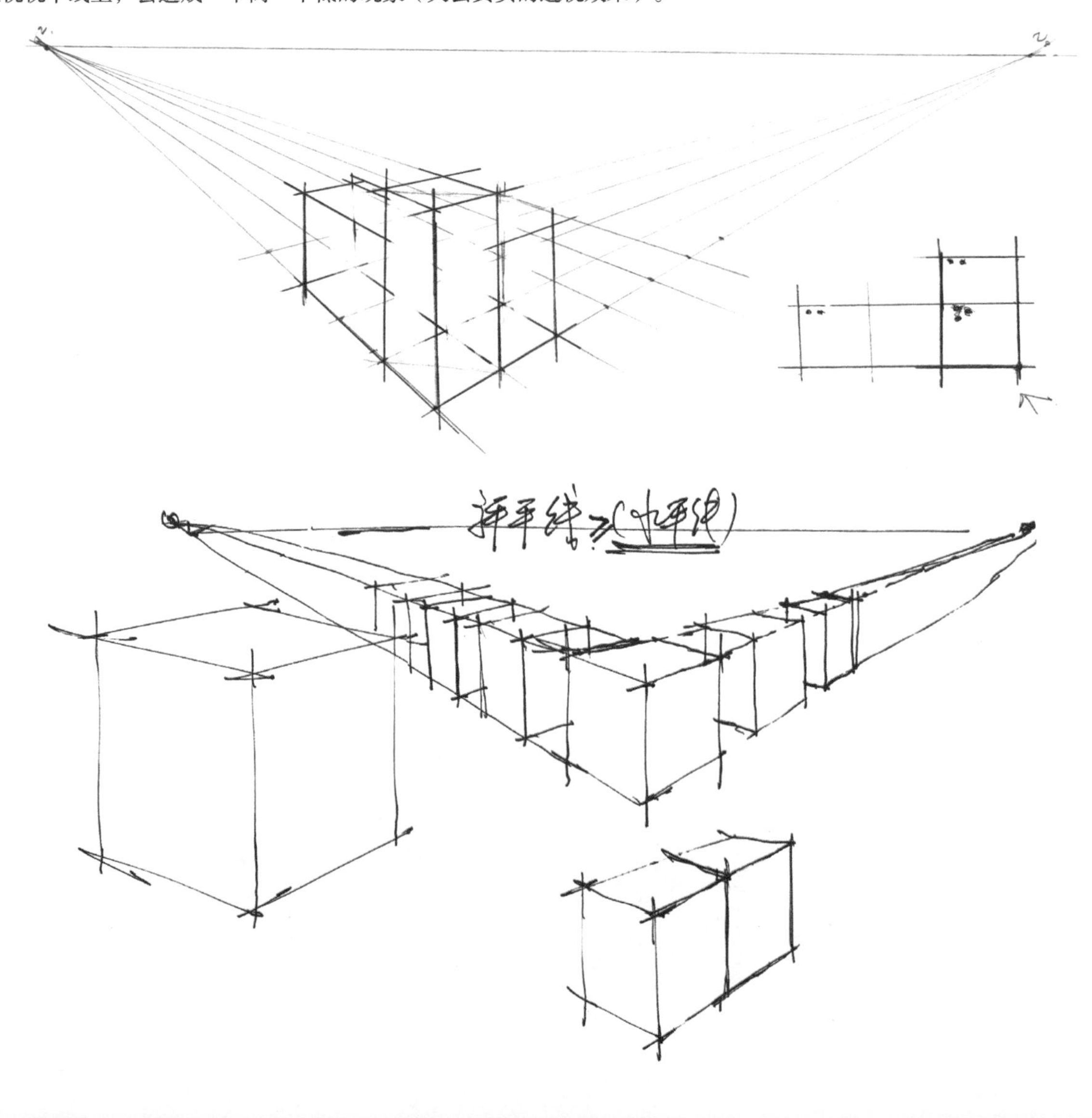

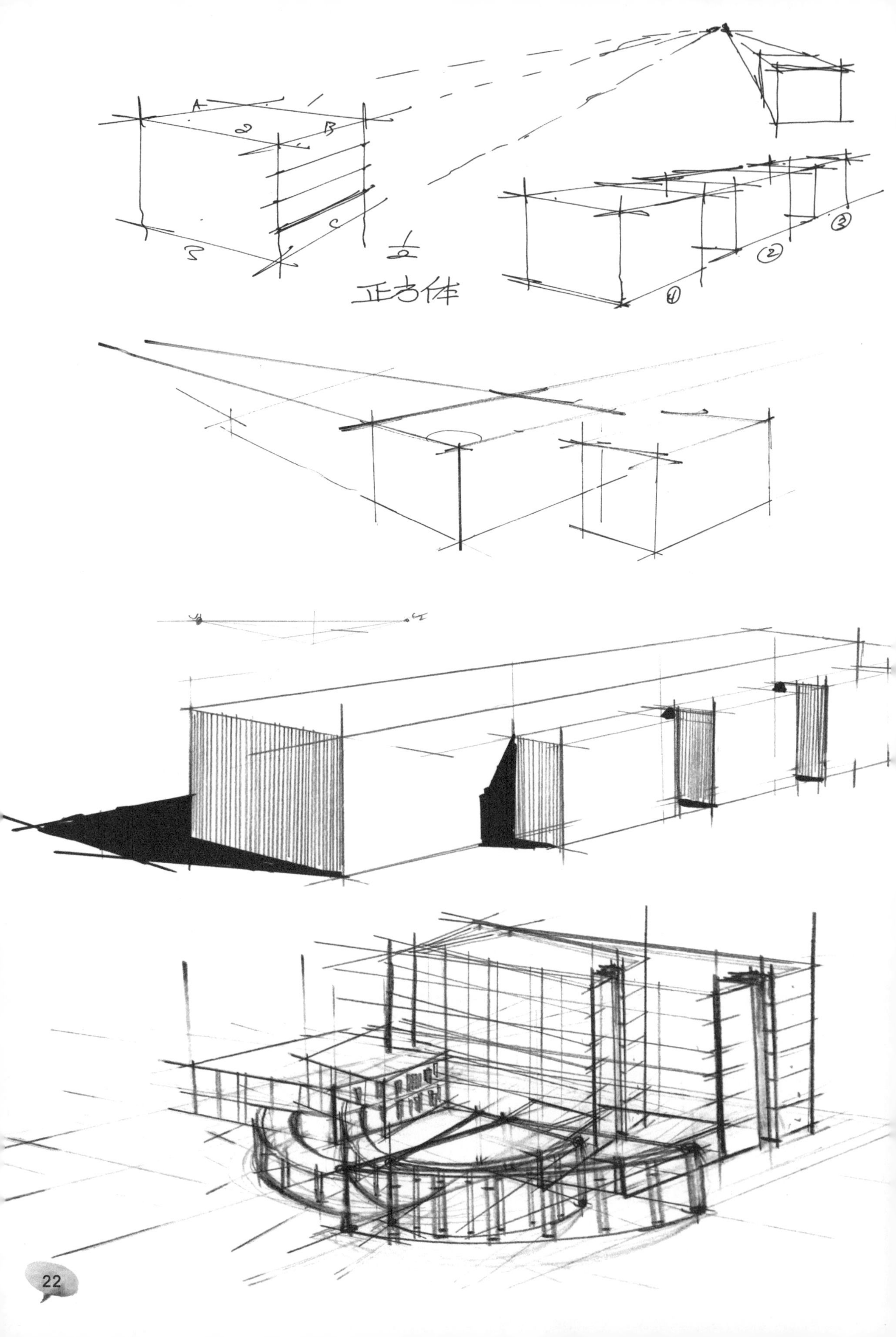
A
B
C
正方体
①
②
③

1.2.4 圆弧透视简易画法

在教学过程中常常看到同学不会画圆形的透视，尤其是接近视平线的弧形。下面介绍一种最简单、最实用的画法。

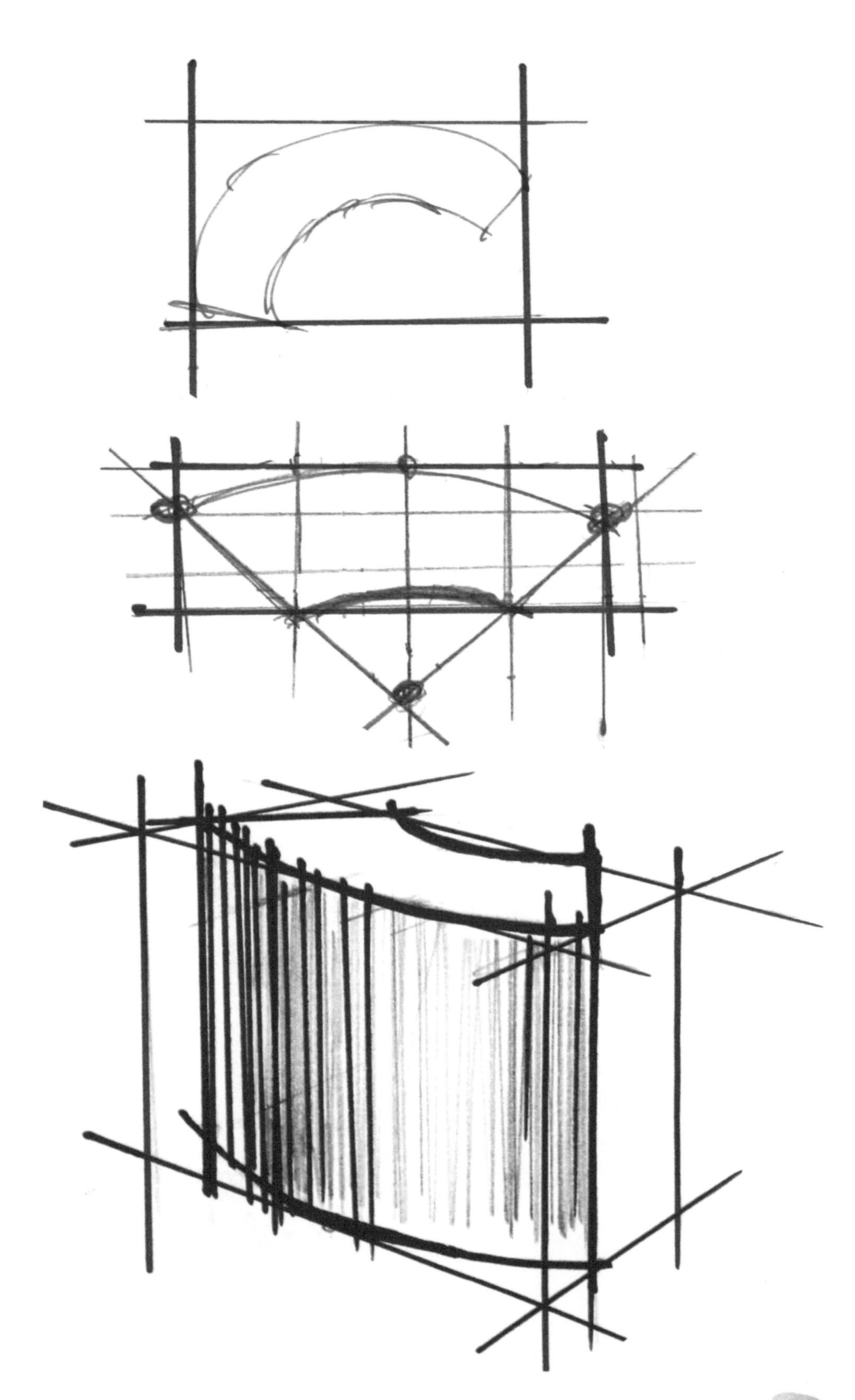

与学过的结构素描或设计素描有异曲同工之妙，利用网格法巧妙地表现弧形的透视变化，将其建立在结构方体之上。

在透视训练过程中，应把建筑的每个角度都练到，达到能流畅地表现出来，为以后的学习打下基础。下面图中呈现的是建筑体块在视平线高低变化中所呈现出来的透视效果。

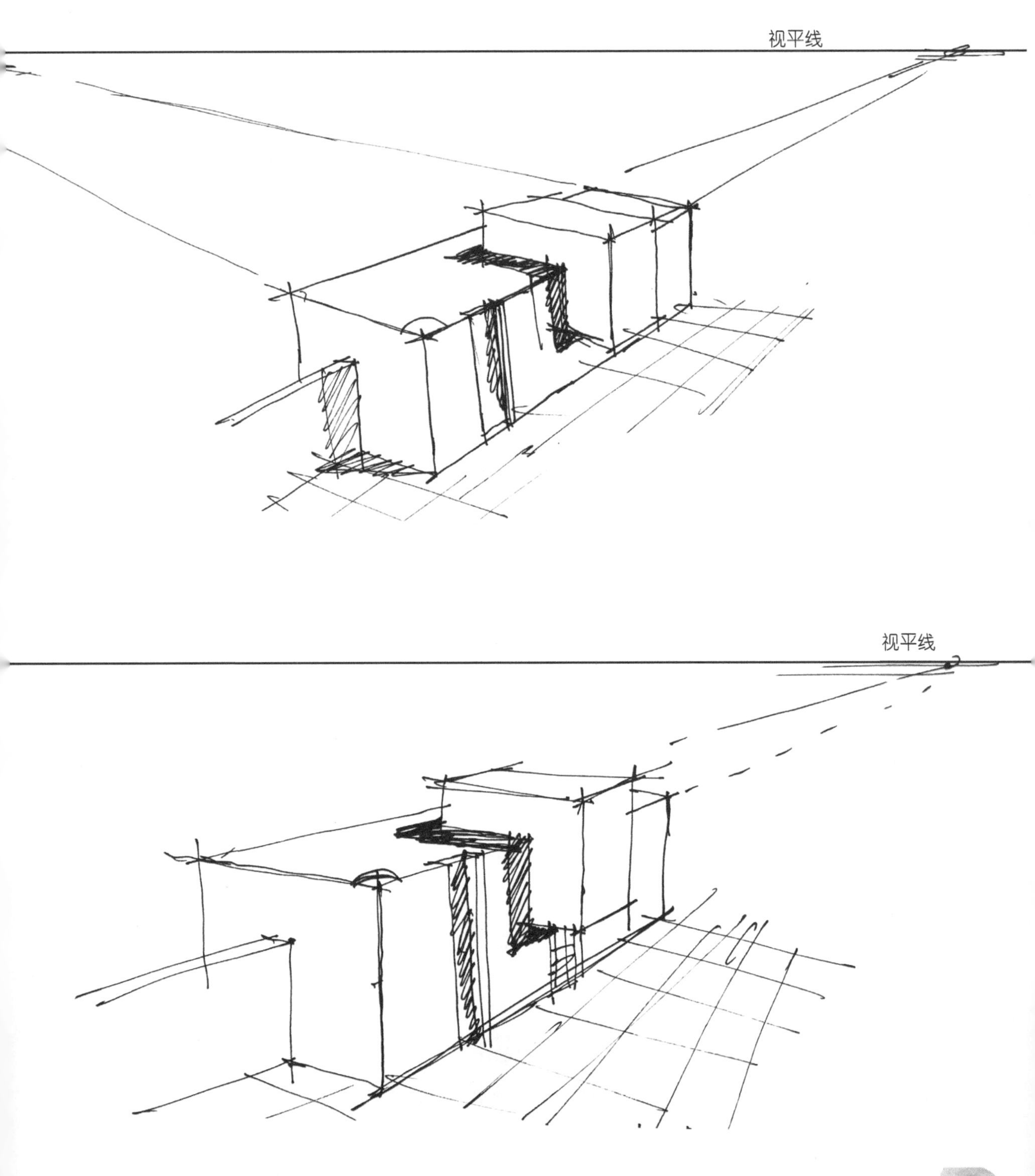

视平线

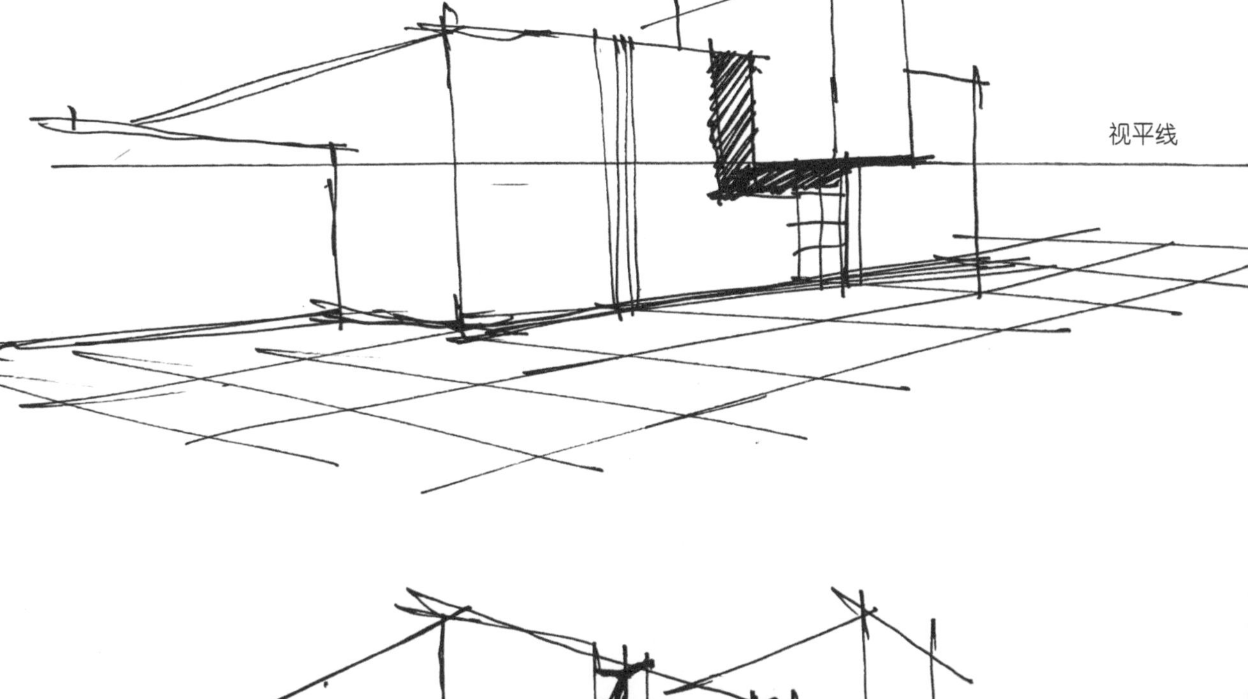

视平线

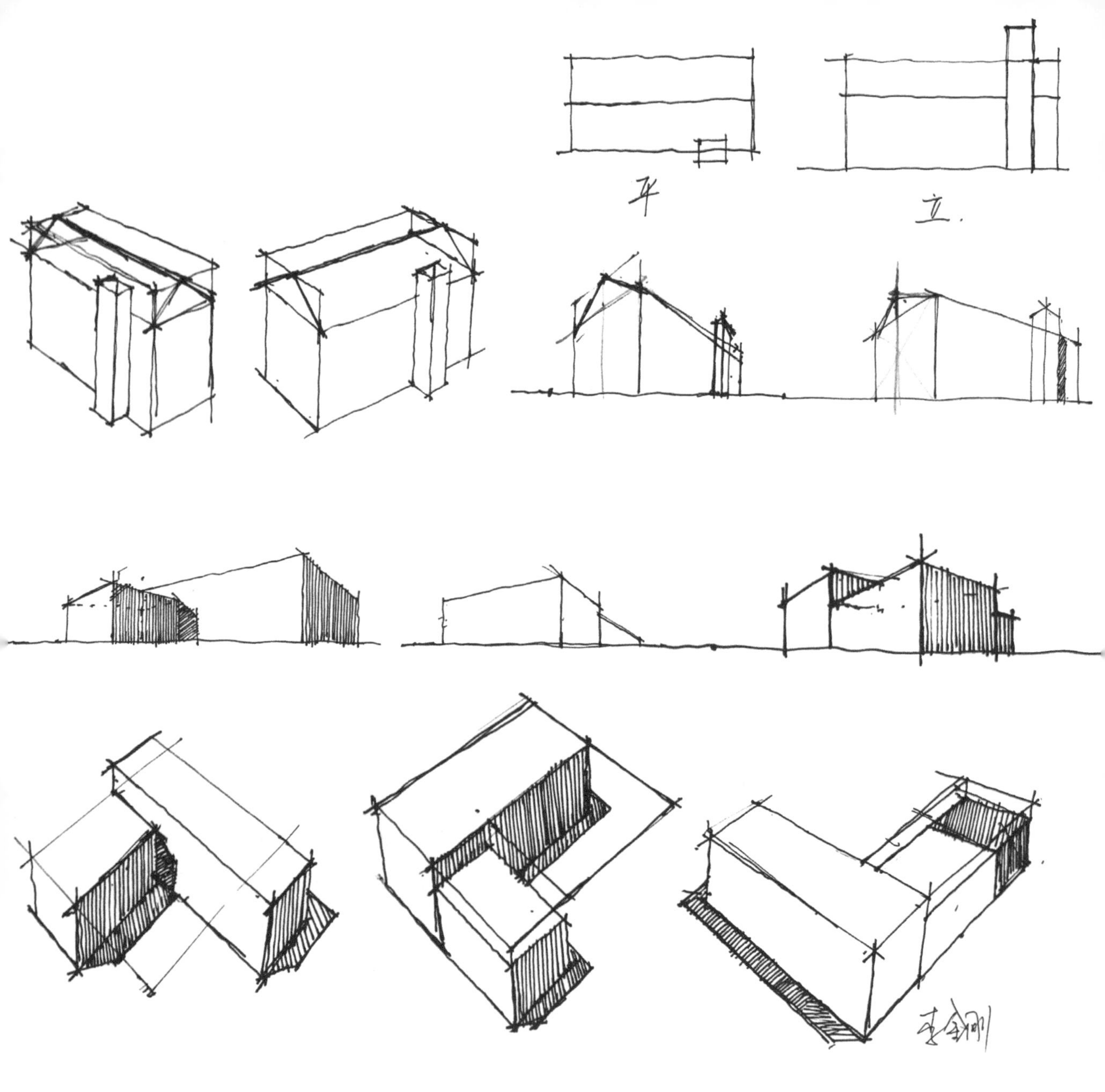

建筑平视透视图与鸟瞰图的视角变化

1.3 投影分析与体块表现

投影是物体的一部分，正确地绘制投影有助于辅助表现建筑体块的前后、上下、穿插和透视关系等。

1.3.1 简单体块投影关系

明暗关系无论怎么变化，都脱离不开形体结构本身特征的制约；反过来讲，明暗层次的变化则又反映出物体结构的特征，两者不可剥离。

正确的投影关系有助于增强建筑体积感。以投影辅助分析建筑形态，如下图所示。

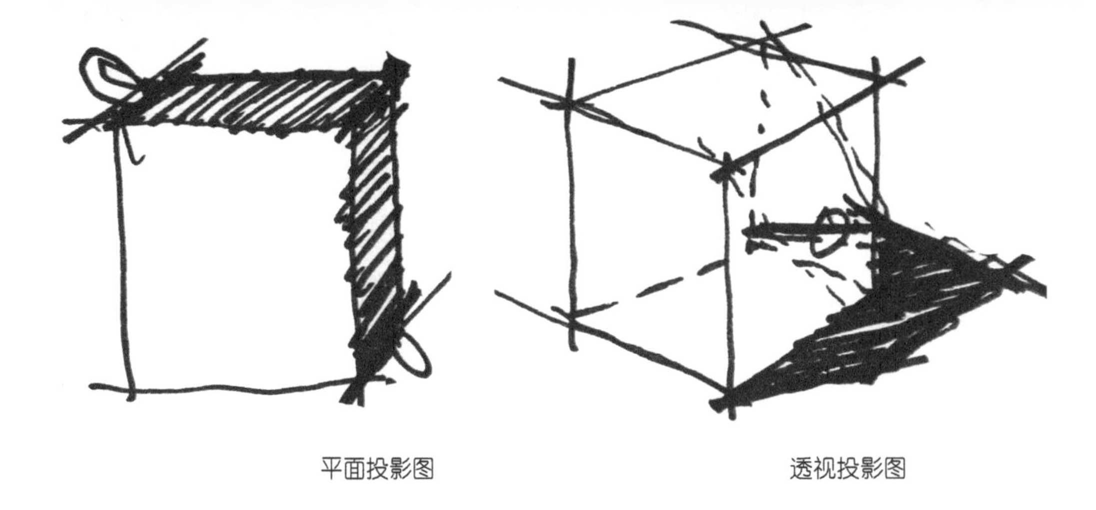

平面投影图　　　　透视投影图

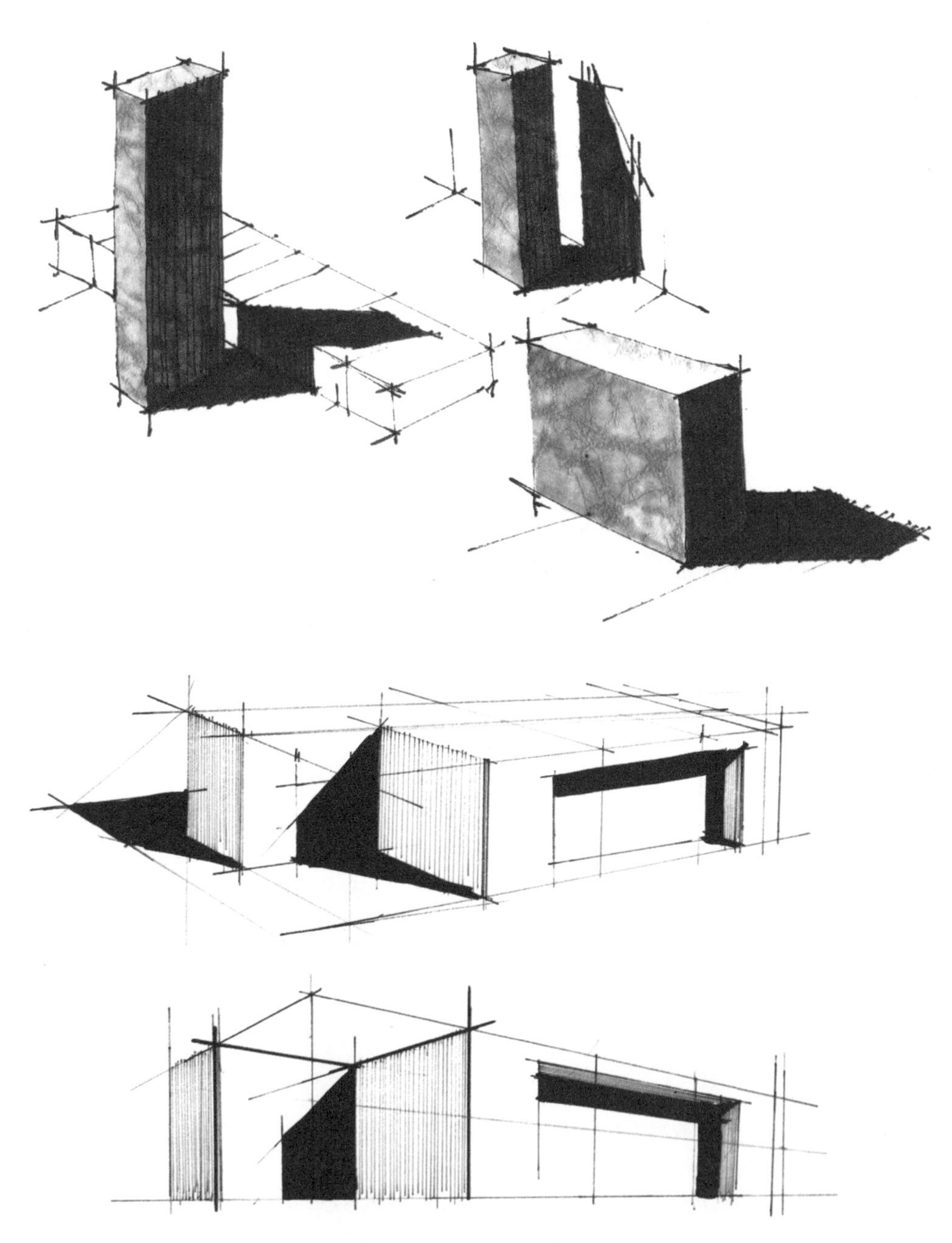

鸟瞰图与平视图的投影变化

1.3.2 复杂体块投影关系

面对复杂建筑体块要理清投影关系。

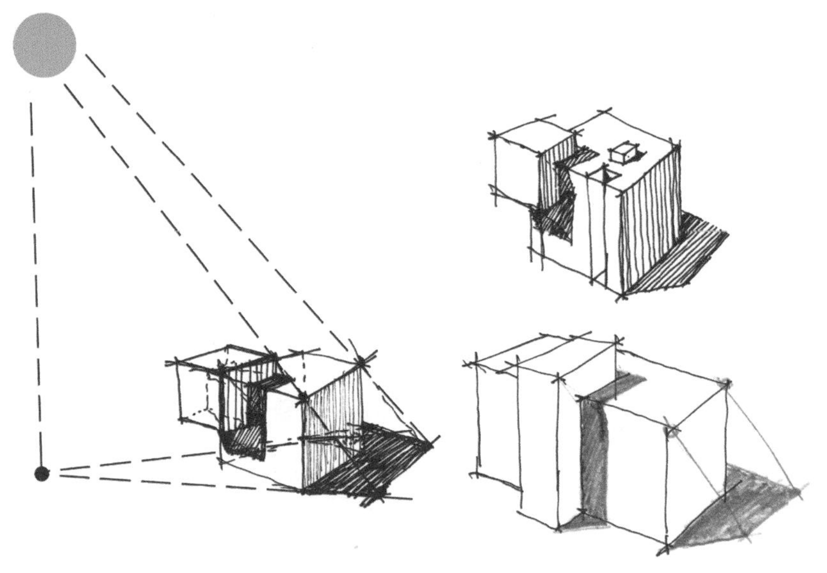

建筑体块投影透视简易原理

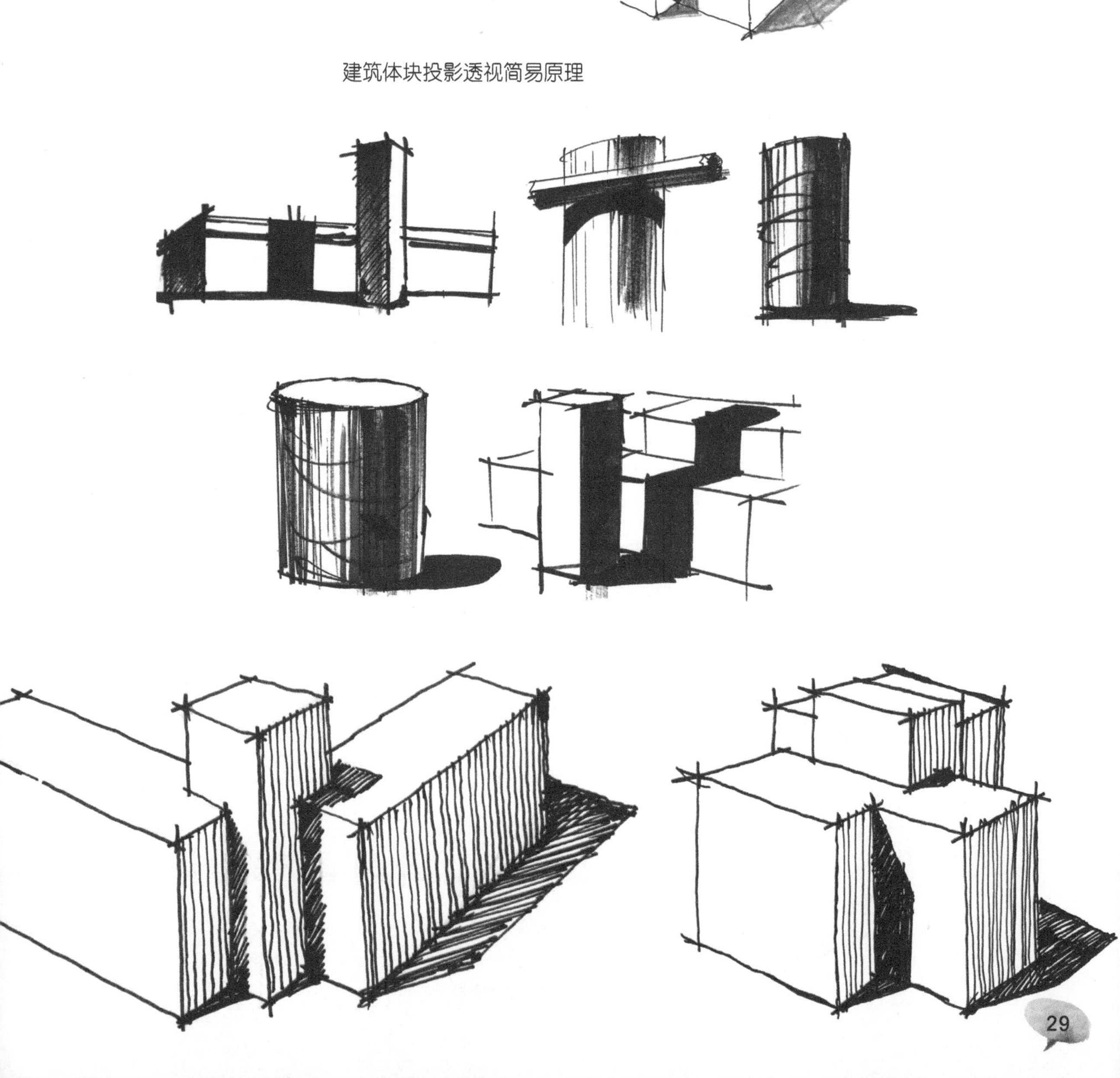

视角不同建筑效果变化

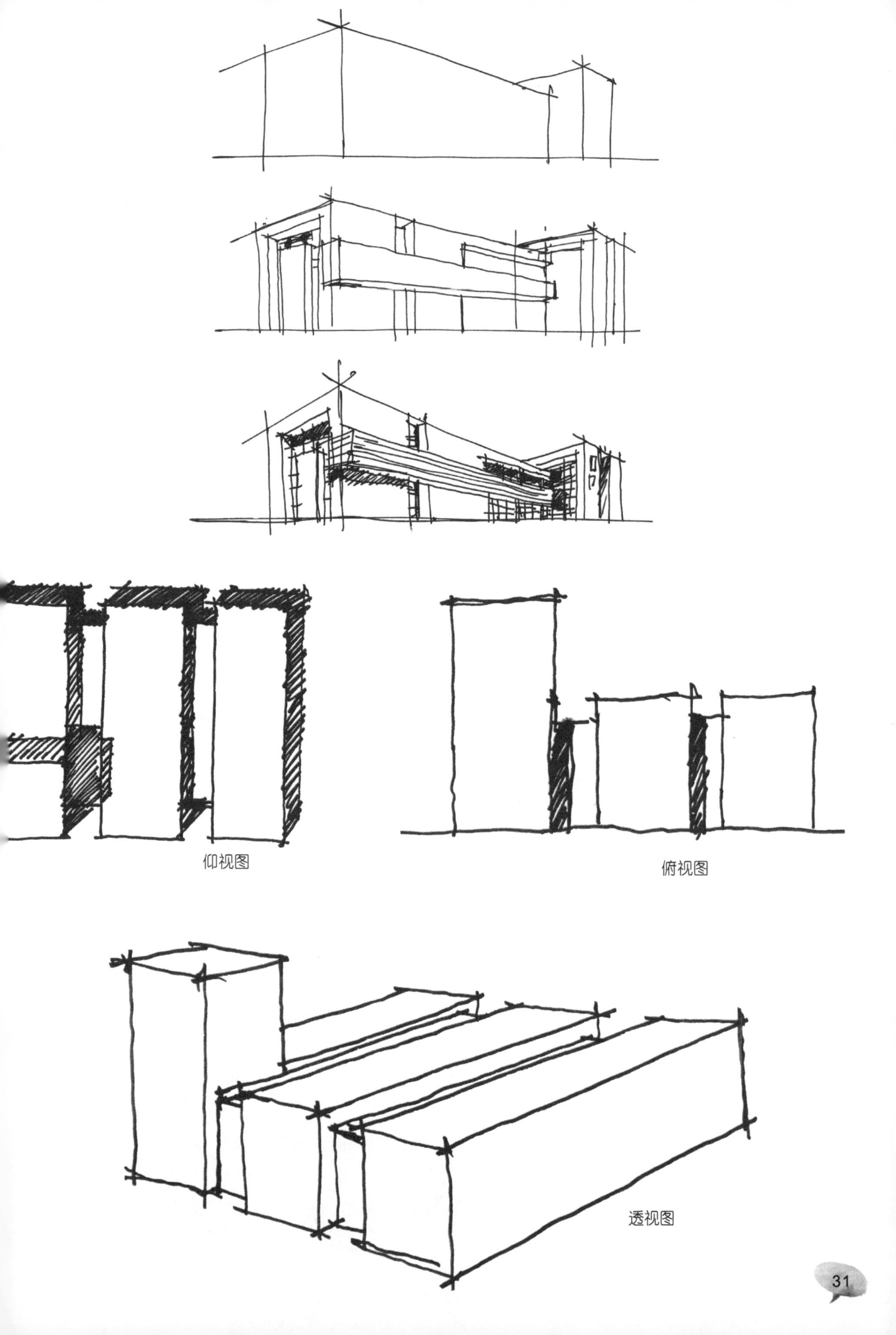
仰视图
俯视图
透视图

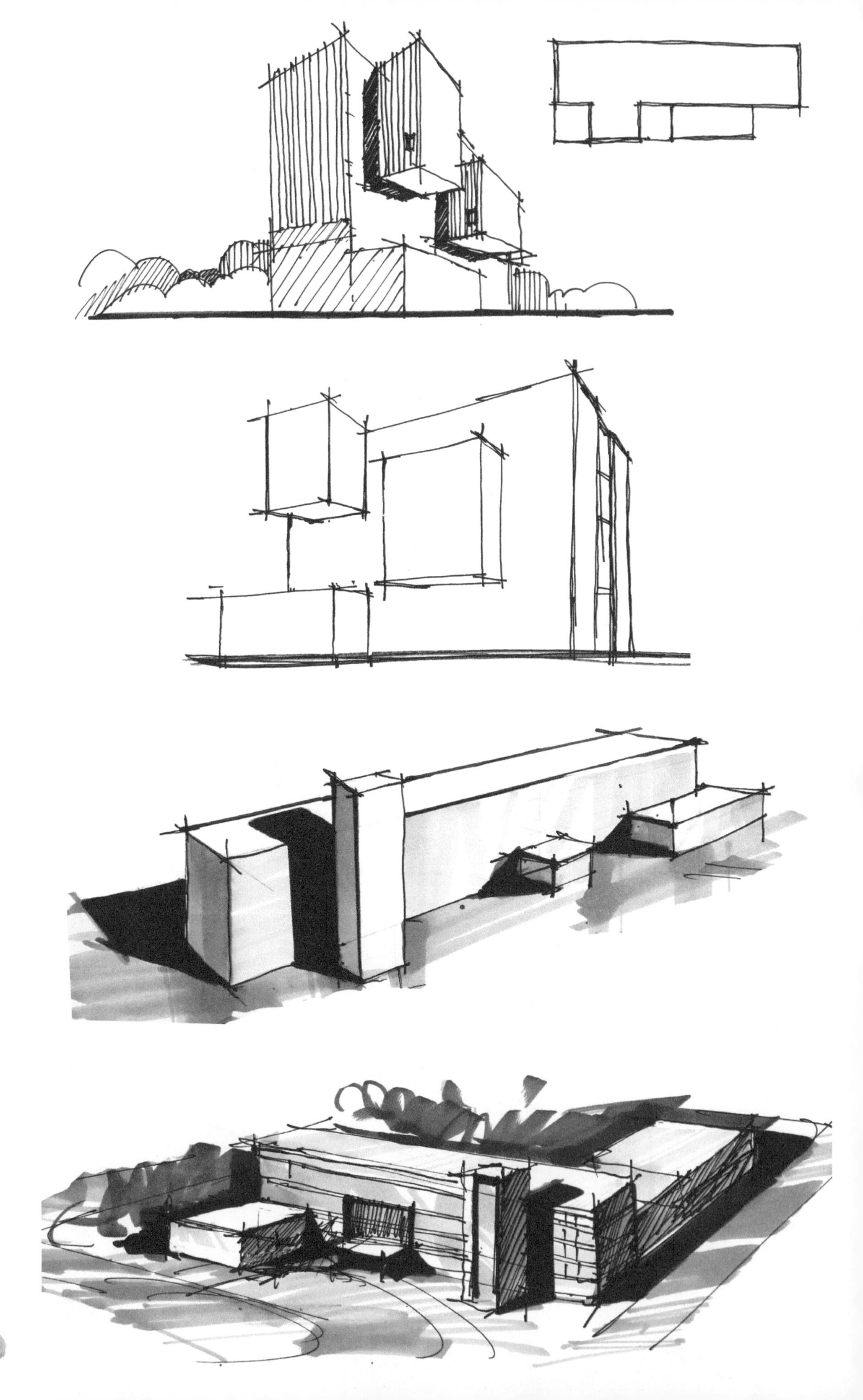

第2章

绘图工具介绍

KOH-I-NOOR HARDTMUTH Mondeluz
KOH-I-NOOR HARDTMUTH
CHUNG HW
4B

2.1 铅笔表现技法

2.1.1 铅笔表现基础

铅笔表现方法与握笔的方式相关。在用铅笔绘制出的笔触中，随形笔触、网状笔触和斜排笔触都是比较常用的。

绘画握笔：笔尖朝前方，笔与纸面的夹角较小，此种方式可以画出较长的直线、弧线。

书写握笔：笔尖朝斜下方，笔与纸面的夹角较大，主要以画短直线、弧线线为主。

根据所表现的内容、大小而决定采用哪种握笔方式。

在表现素描时常以短斜线塑造形体，画笔好比一把刀，用来在平面上雕琢三维效果。短线塑造几何形体，如下图所示。

运笔方式可根据画面需要进行调整。通常表现小画面都采用随形排笔的运笔方式来表现，而大画面则多数采用斜排笔为主的运笔方式或是混合方法来表现。

2.1.2 铅笔表现范例

范例1：图书馆1

步骤一：用长直线确定建筑的基本形体与画面空间的位置关系。在确定建筑形体（长、宽、高）与形体的比例、穿插关系的基础上，开始刻画细节如窗户、门、柱子等。

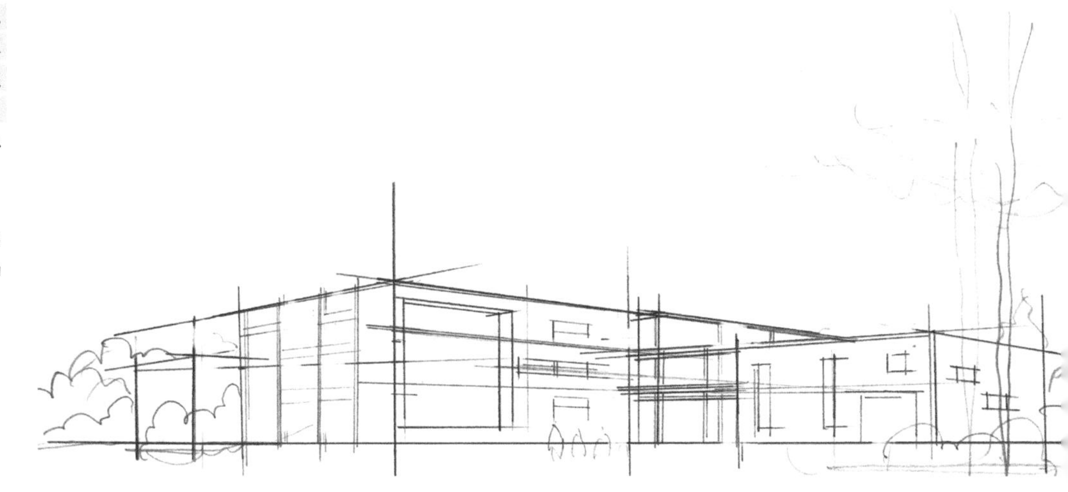

步骤二：用明暗关系区分出建筑的亮面、暗面，铅笔的运笔方式采用斜排线的方法来表现。铅笔线条应均匀有序。植物采用随形排线的方式。

步骤三：建筑表现一般是绘制完成后，再开始刻画背景植物、天空、人物等。表现背景元素时始终要注意将其放在次要位置。

注意：最后调整画面整体的主次关系、虚实关系和比例关系。

范例2：图书馆2

步骤一：确定建筑的三大体块的前后空间关系、比例关系。

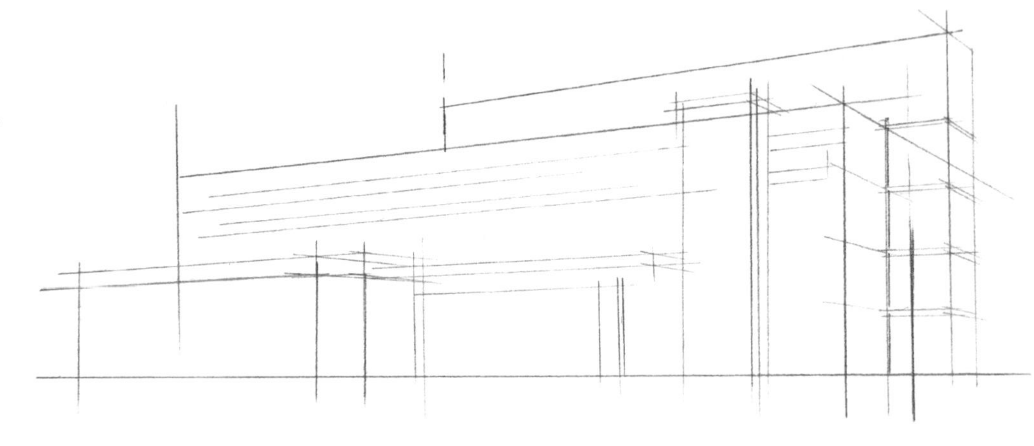

步骤二：确定出建筑细部结构、比例、透视关系。划分出建筑暗面和投影的位置，运笔采用斜排笔的方式。

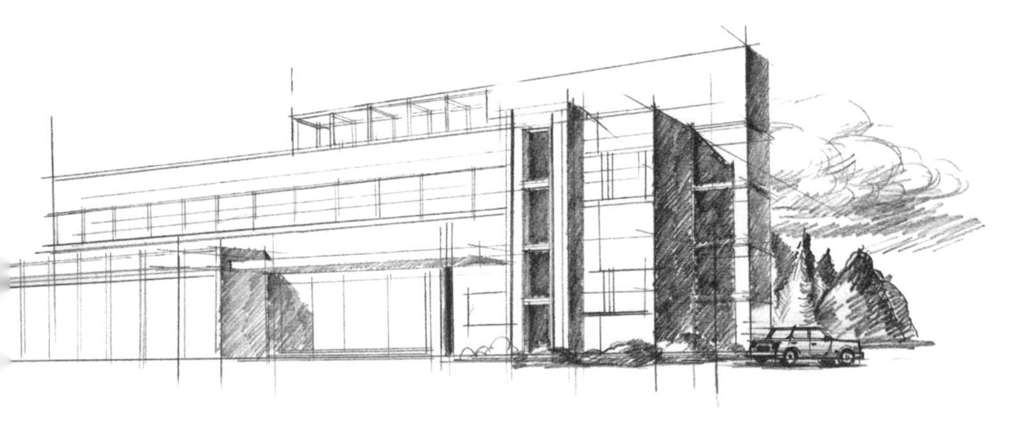

骤三：丰富背元素，如植、云彩、人、车子等。

步骤四：建筑局部细节刻画，画面整体调整。多余的云彩要减淡，同时丰富地面的颜色，以达到近实远虚的效果。

2.1.3 范画欣赏

作者 刘瑞涛

2.2 色铅笔表现技法

2.2.1 色铅笔表现基础

色铅笔是铅笔的延伸，其表现技法是从铅笔的绘画技法上而来的。色铅笔的绘画技法与铅笔绘画技法基本相同，运笔轻重、快慢的绘图技法基本一致，色铅笔的色彩叠加是在遵循素描关系、色彩关系的基础上进行的。

2.2.2 色铅笔表现范例

范例1：教学楼

步骤一：用铅笔或单色色铅笔确定建筑的基本形体、透视、比例、结构关系。

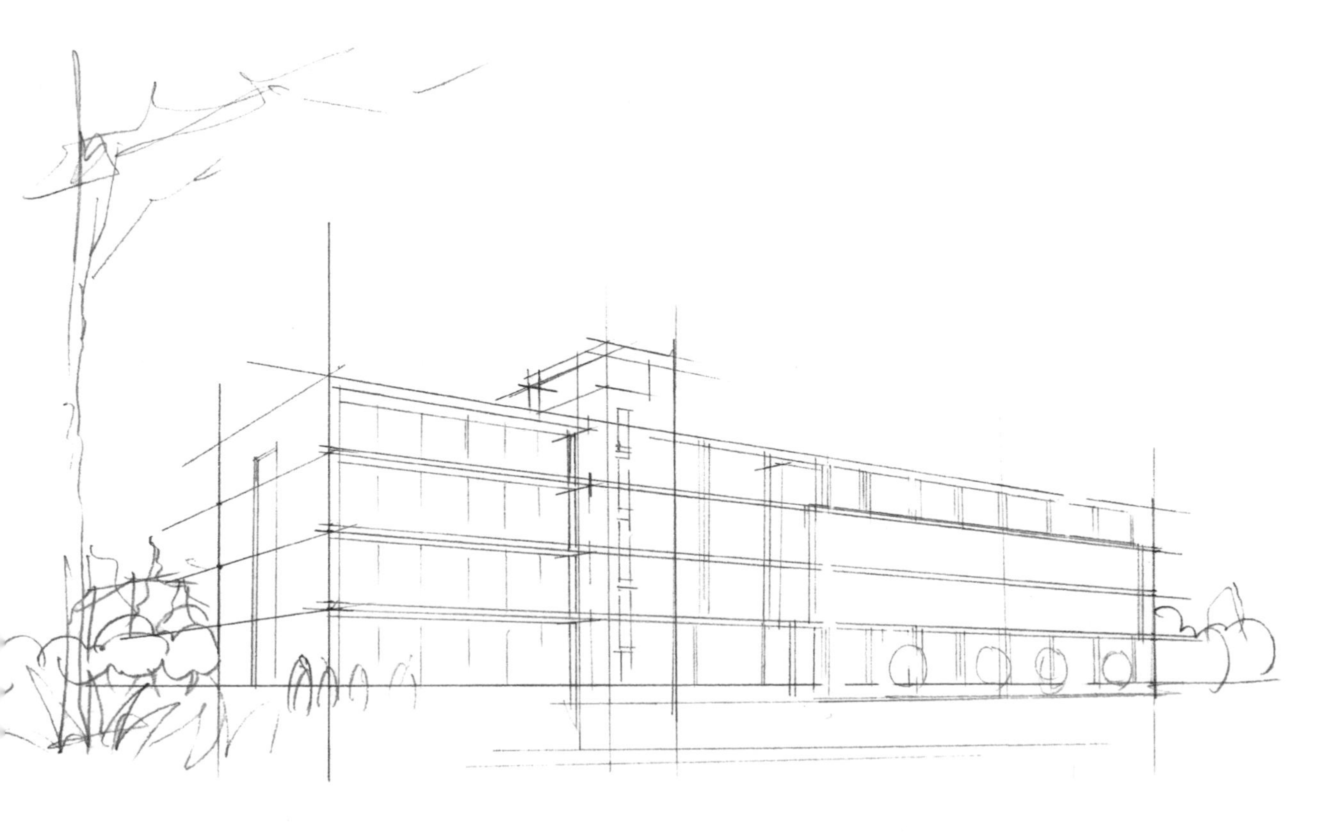

步骤二：用浅蓝色马克笔表现玻璃的固有色，同时也要表现出建筑的明暗关系。

步骤三：刻画建筑前植物和人物，建筑的暗面用紫色加深，以形成冷暖对比关系。

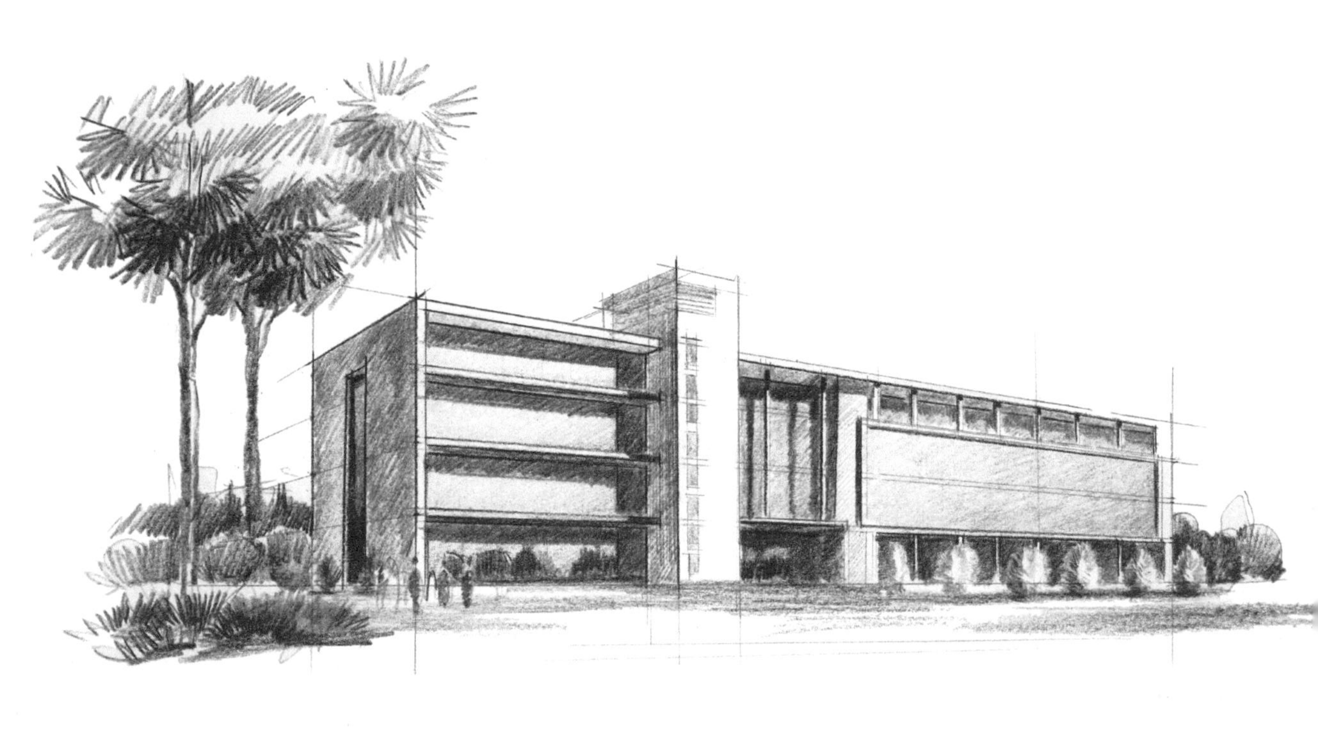

步骤四：整体调整背景天空与植物的颜色，细致刻画建筑细部结构。

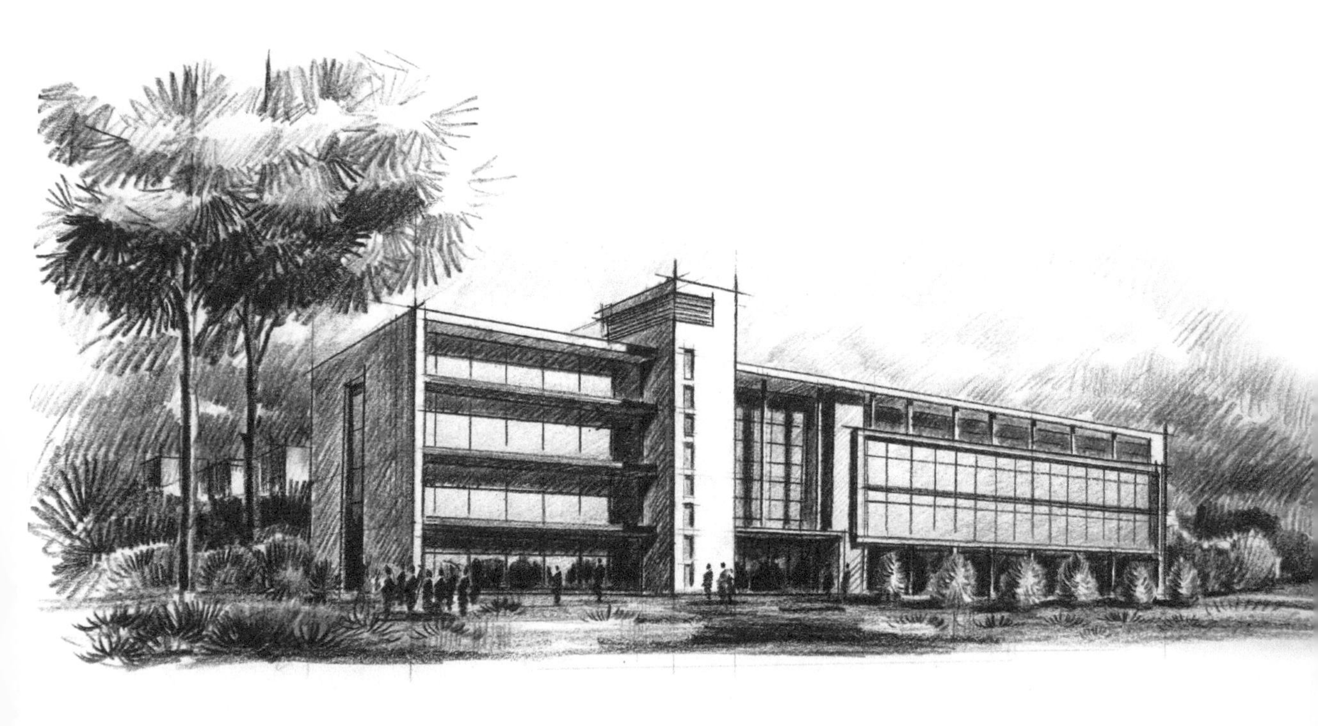

范例2：办公楼

步骤一：用墨线笔画出建筑的基本形体和结构，重点是建筑物的空间比例关系。

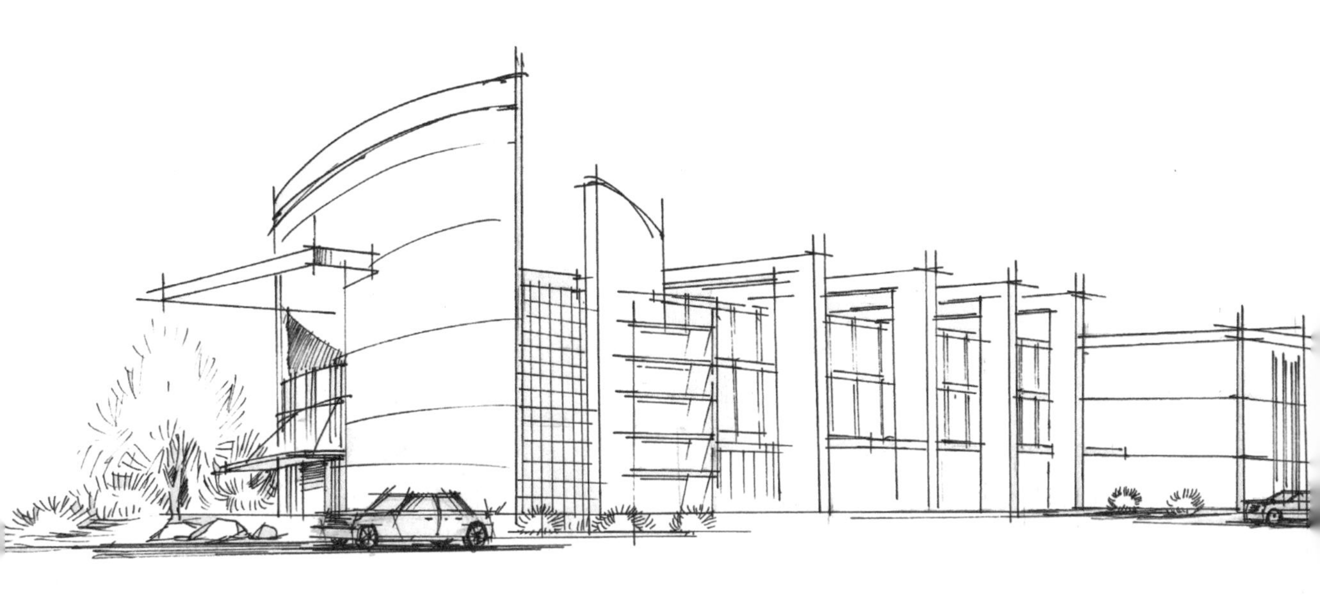

步骤二：刻画建筑细部与配景植物等。

步骤三：表现建筑的固有色，重点是建筑的明暗关系与投影的位置。植物的固有色，近景植物用暖绿色表现，远景植物用冷绿色表现。

步骤四：用黑色、蓝紫色刻画建筑投影位置，增加建筑空间感。

步骤五：细致刻画植物与建筑细节，要遵循近暖远冷的色彩规律表现植物。

2.2.3 范画欣赏

2.3 马克笔表现技法

2.3.1 马克笔表现基础

马克笔表现技法是以塑造形体为目的的表现方法。较常用的运笔方法如下。

平运笔触：最为常用的笔触方式。要求方头笔尖平触在纸面上，下笔、运笔、收笔三个运笔动作要连贯匀速，要形成带状笔触，不能有宽窄大小变化。

横排笔触：是在平运笔触的基础上，平行编排笔触的效果。

斜排笔触：下笔为斜下笔，刻画有透视面的物体最为方便。

扫笔笔触：扫笔笔触是表现渐变最好的一种笔触，可以呈现出一端重、一端轻的渐变效果。

磨笔笔触：是马克笔在同一位置上反复摩擦而呈现的笔触效果。

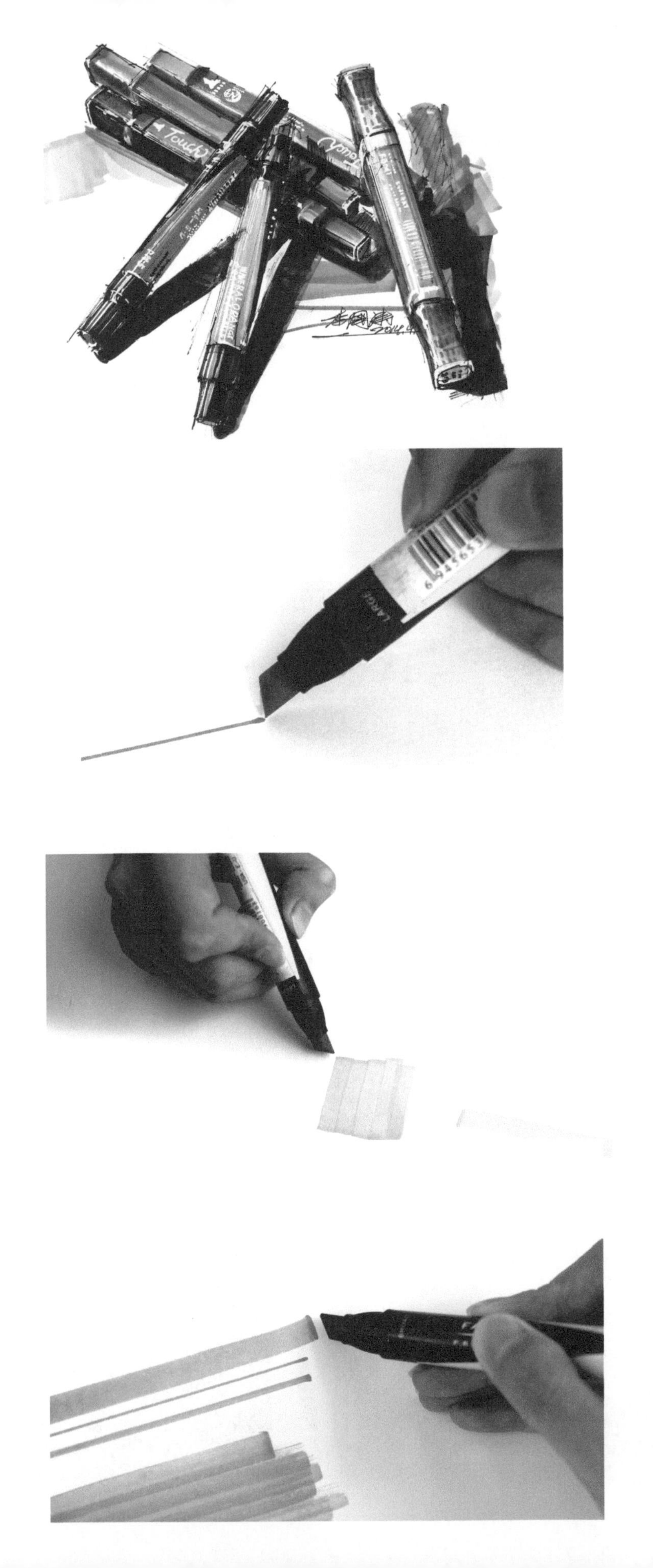
Touch
LARGE

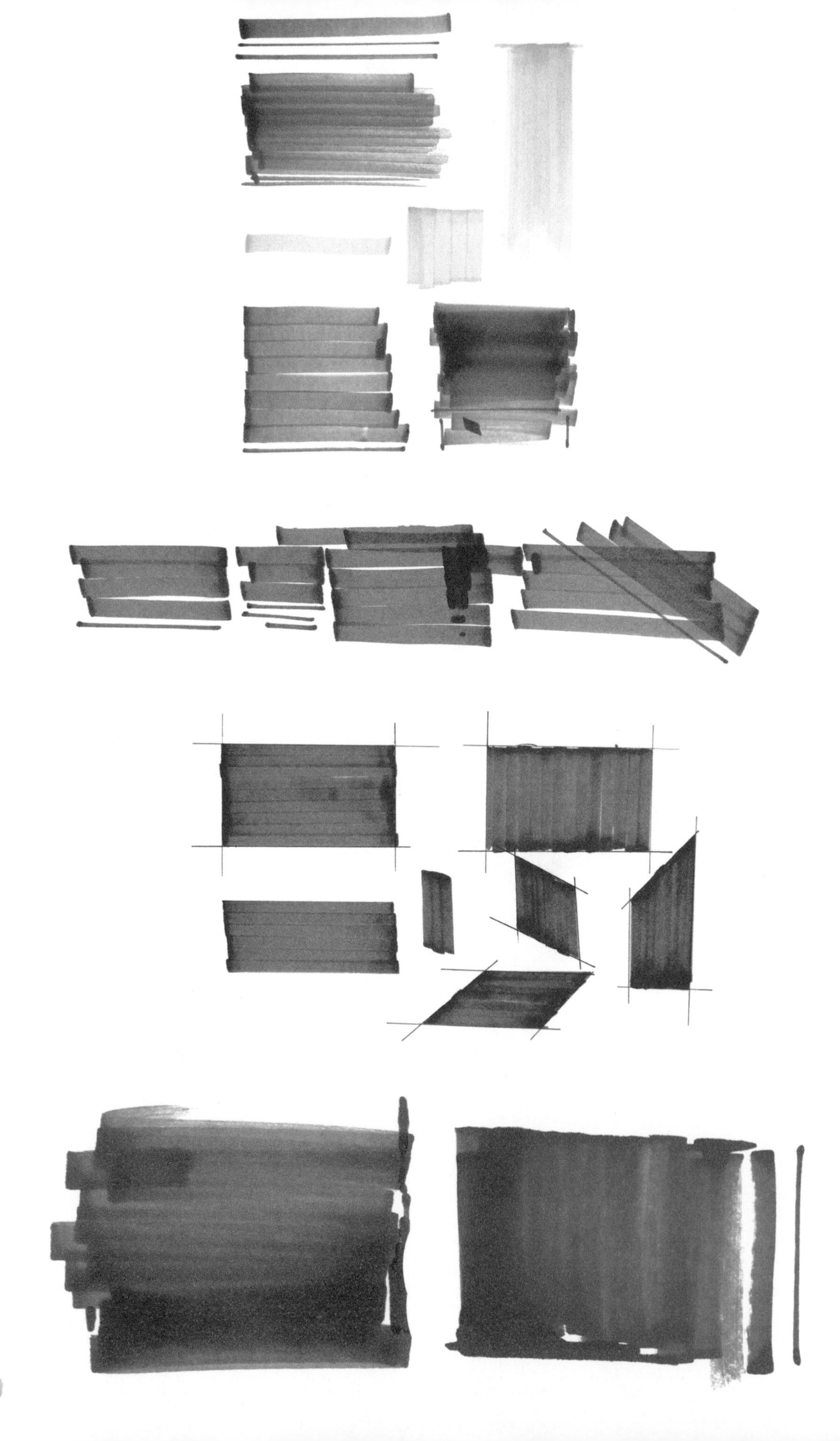

“Z”字形笔触：是利用平运笔画出“Z”字形的渐变效果，这也是马克笔表现渐变的最常用的手段。可以同色系渐变，可以邻近色渐变等。

叠加笔触：是在第一遍色彩的基础上再画一遍色彩，可使色块的色彩层次更丰富，渐变效果更自然。

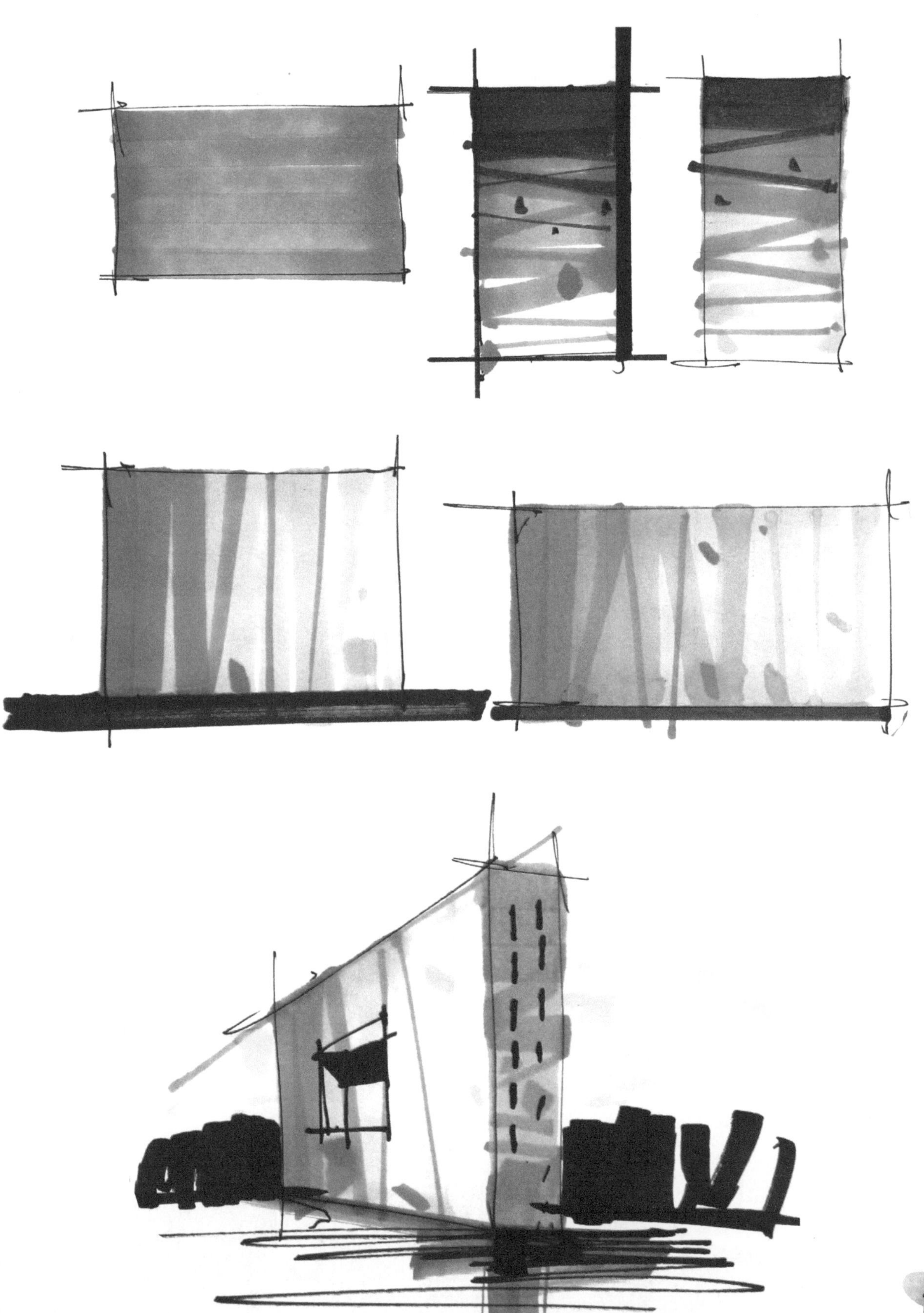

2.3.2 马克笔表现范例

范例1：单色表现建筑

步骤一：马克笔笔触随建筑形体结构运笔以表现体块。用暖灰色区分出建筑的明暗结构。

步骤二：用深暖灰色
克笔刻画建筑投影
置，使建筑空间结构
系更加明确。

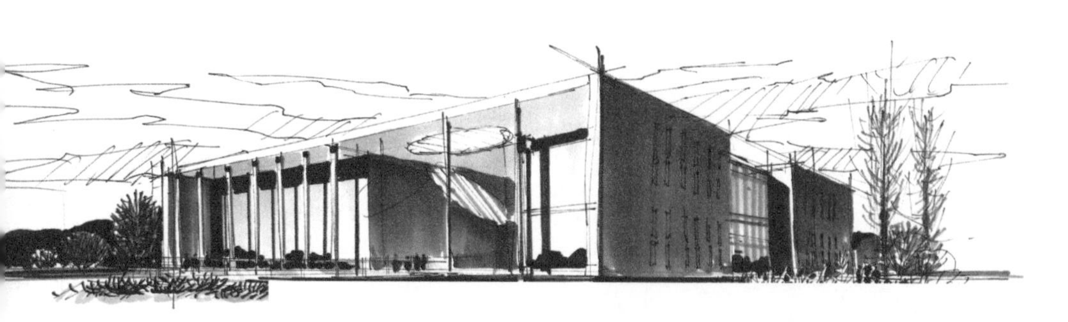

步骤三：表现天空，调整细节，强调结构。

范例2：办公楼

步骤一：用针管笔表现建筑轮廓和结构，要求透视、比例、结构都要正确。

步骤二：用深暖灰色马克笔刻画建筑暗面，再用冷深绿色马克笔表现植物暗面，可使建筑空间感强烈、结构清晰。

步骤三：用浅蓝色马克笔表现亮面玻璃，用深蓝色马克笔表现暗面玻璃。

步骤四：用绿色、墨绿色、深蓝色马克笔刻画玻璃上的反光（反射周围环境色彩），要符合透视原理。用绿灰色马克笔表现近景乔木，并区分出深浅变化。

步骤五：用浅蓝色马克笔表现背景处上层天空，用蓝紫色马克笔刻画背景处下层天空。

2.3.3 范画欣赏

第3章

建筑配景表现技法

3.1 植物表现技法

植物是建筑景观表现的四大要素之一。建筑景观表现中常用的植物大致分为乔木、灌木及草本三类，每一类的植物都有各自的形态特征和不同用途。它们都在建筑效果图中起到指示说明周围环境、丰富画面的作用，所以植物画得好坏也能直接影响效果图的表现力。

3.1.1 植物平面图、立面图表现

植物平面图

乔木、灌木平面图在建筑总平面图中常常出现，起到解释地形，说明周围环境的作用。

植物立面图

在建筑中植物立面的表现与空间透视中的植物基本相同，更趋向于平面化。

立面植物常用“几”字形的运笔来表现。一般是用“几”字形的笔触沿着球形树冠边缘表现，这样画出的笔触灵活，可以丰富画面的效果。

针叶与“几”字形叶片

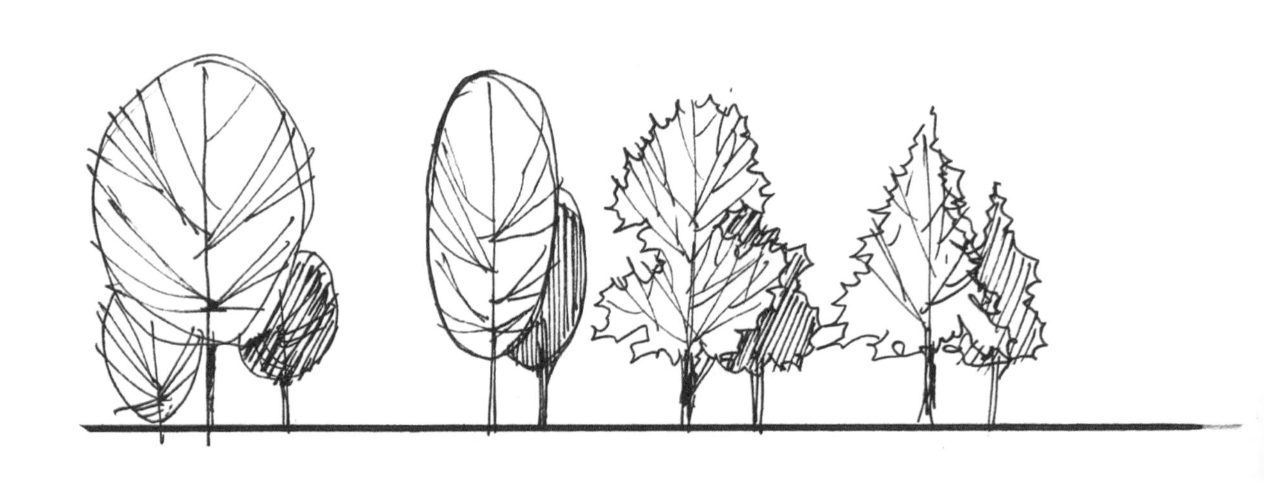

圆形与“几”字形的叶片

着色乔木与灌木

3.1.2 乔木表现技法

要表现好树木必须先了解树，要经常仔细观察生活中的树，了解其生长规律和自然形态特征。乔木一般可分为树根、树干、树枝和树叶，而树干与树冠是手绘表现中的重点。

乔木的基本形状可概括成球体、圆锥体、圆柱体等基本几何形体。在刻画时，可根据概括出来几何形体的形体表面、边缘来刻画。

乔木边缘有多种多样的几何形表现形式，这也是表现不同树种特征的关键。树干与树枝的结构穿插也要多加练习。

“几”字形的乔木叶片

不规则叶片

乔木着色

局部乔木效果

松树从整体上看呈现的是三角形状。根据松树的外形特征和生长结构，来理解并描绘松树的外轮廓。

三角形松树的变形效果

椰树是棕榈科椰属中一种大型植物，是热带地区较普遍的常绿乔木，树杆笔直，无枝无蔓，树冠成伞状，羽毛状叶片整齐而有规律地散开。

绘制椰树时需注意以下几点。

(1) 单个叶片的表现，叶片要注意其羽状的特征。

(2) 学会叶片的翻转变化的表现。

(3) 椰树树冠的整体表现。

3.1.3 灌木、灌木丛表现技法

灌木多作为绿篱使用，可经过修剪变得整齐美观，表现时注意疏密、聚散、开合、呼应等变化，绘制线条要美观，讲究变化与统一。

灌木表现技法

根据已有的知识，进行演变练习。达到举一反三的效果，如下图所示。

灌木演变练习示意图

灌木丛表现技法

要表现好灌木丛，先要理解灌木丛的基本结构与形态，如球形、长方体形、“L”形、“S”形等。而亮面、暗面与投影的表现则是表现灌木丛体积感的基础。

先画简易形体球形，再沿着球形画“几”字线，如下图所示。

灌木丛练习示意图

散尾葵与棕榈树表现技法

散尾葵与棕榈树同属棕榈科植物，所以叶片的样式非常相似。绘制线条应流畅、自然，每个叶片基本呈“刀形”肥厚挺拔。

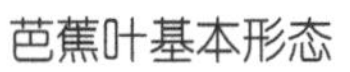
芭蕉叶基本形态

竹叶变化

3.1.4 草本植物表现技法

草本植物根据其生长形态大致可分为：直立形、丛生形、匍匐形、攀缘形等。因草本植物种类丰富，表现花草必须了解其生长结构，熟悉叶片的穿插与转折，刻画时注重变化。这样既可以丰富画面活跃空间，又可以完美结合建筑。

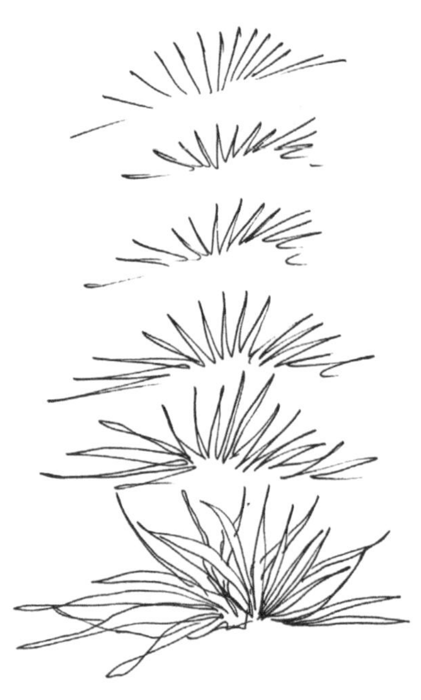

叶片的推演绘制过程

叶片结构与转折

3.2 水景表现技法

“仁者乐山，智者乐水”，水景在环境中是很重要的部分。在建筑表现中要利用水的柔性特质，使建筑更显刚健；同时建筑的倒影映在水面上，产生一虚一实、一柔一刚的空间对比效果。

3.2.1 静态水表现技法

平面水的表现，可看成一块平面蓝色。同时采用横排笔触、“Z”字形渐变和画斜线，表示水面上的强反光。

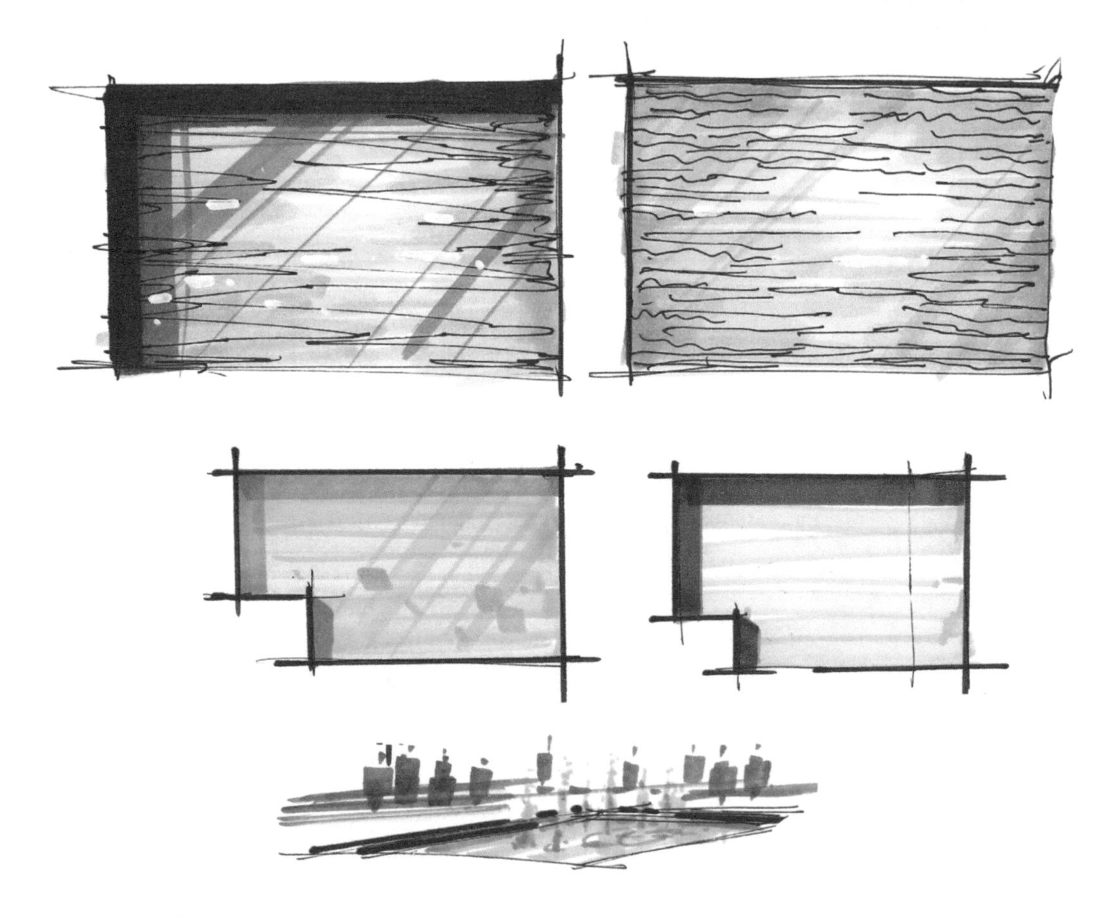

在水面有投影的位置用深蓝色加重，以表现水面与地面的空间变化。

空间中透视水面，应采用平行运笔的方法来表现（水平运笔可使水面平整，不会使画面有倾斜的感觉），近处水面用浅蓝色表现，远处用深蓝绿色表现。

3.2.2 动态水表现技法

叠水法

叠水法是景观中常用的一种造景手法，表现时同样是采用近处的水色彩浅、远处的水色较深以形成明暗对比关系的方法。

瀑布可以采用对比的手法来表现流水，通常纵向的叠水色彩比较浅，横向的水面比较深，这样就产生了空间对比。

剖立面图.

总平面图

3.3 人物与汽车表现技法

配景人物有传达空间、场景的功能。表示空间的性质和作用。如建筑入口的位置应画些人物，表示是建筑的入口。同时丰富画面、增加画面层次感。在透视图中人物又分为前景人物、中景人物和远景人物，在建筑效果图中都有涉及，但中景与远景人物居多。

3.3.1 单人表现技法

表现场景中的人物，先画好单人是基本的要求。建筑场景中人物多数是在中景、远景中，多数情况下只表现出人物的大概轮廓形状即可。

用简化的方块人表现出在场景中人物的基本动作即可，如下图所示。

3.3.2 多人表现技法

成组人物的头部都应在同一视平线上，这样可以更准确地控制场景的景深。人物的着色采用鲜艳的色彩，起到丰富画面的作用。

3.3.3 平视汽车表现技法

初学者很难掌握汽车的画法，因为汽车的弧线表面不容易表现。下面介绍的绘制方法可以解决画汽车的问题。

平移法，是把汽车放置在视平线高度的位置，**只表现汽车的侧立面**即可（很少看到车子的顶面），而汽车立面向前方平移出车辆的厚度。

汽车立面

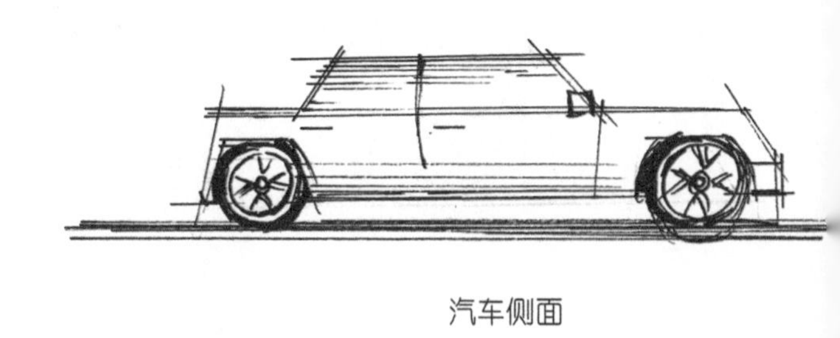

汽车侧面

画平面汽车需注意以下几点。

(1) 画出一个梯形与一个长方形分别作为车顶与车身的侧立面图。

(2) 汽车立面图向右平移画出车体厚度，轮胎的位置也是同样的原理。

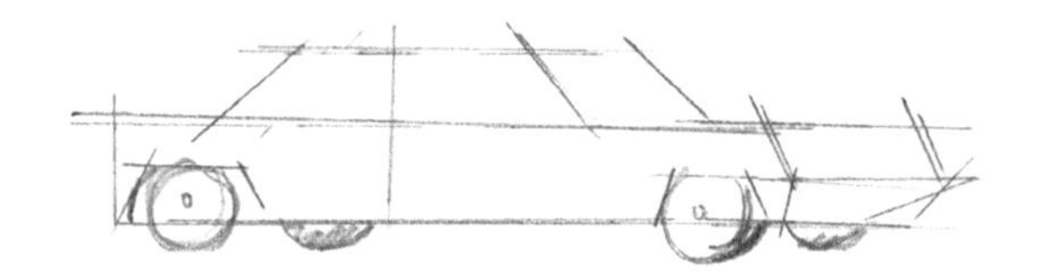

(3) 铅笔刻画车体的细部结构。

(4) 用黑线勾画汽车结构的线条。

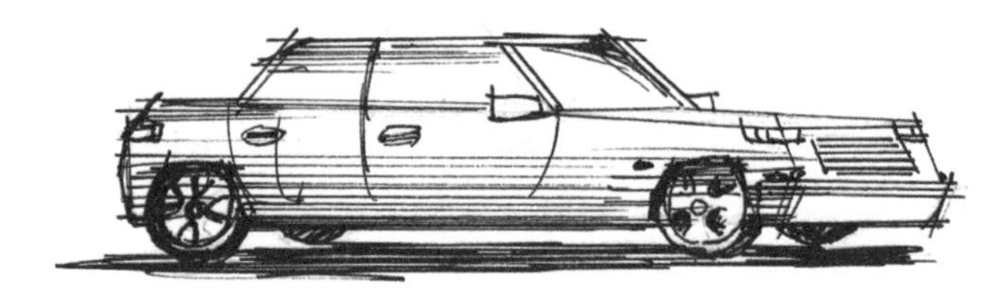

注意：表现汽车遵循“宁方勿圆”的绘图规律。

汽车立面图向左平移出车辆厚度

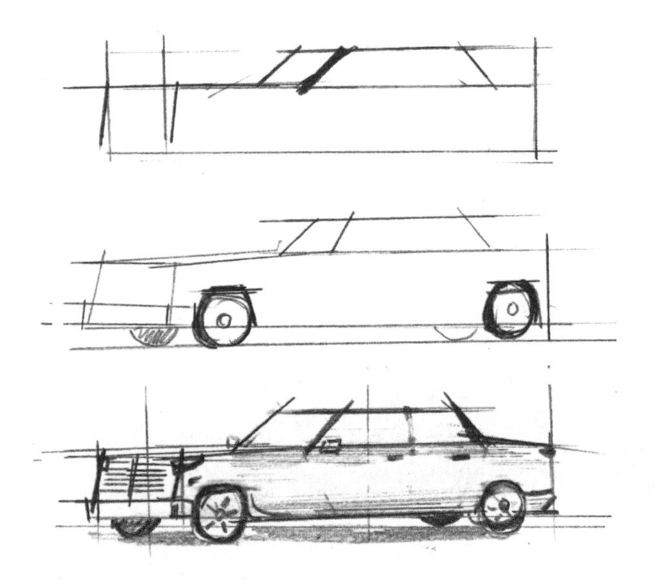

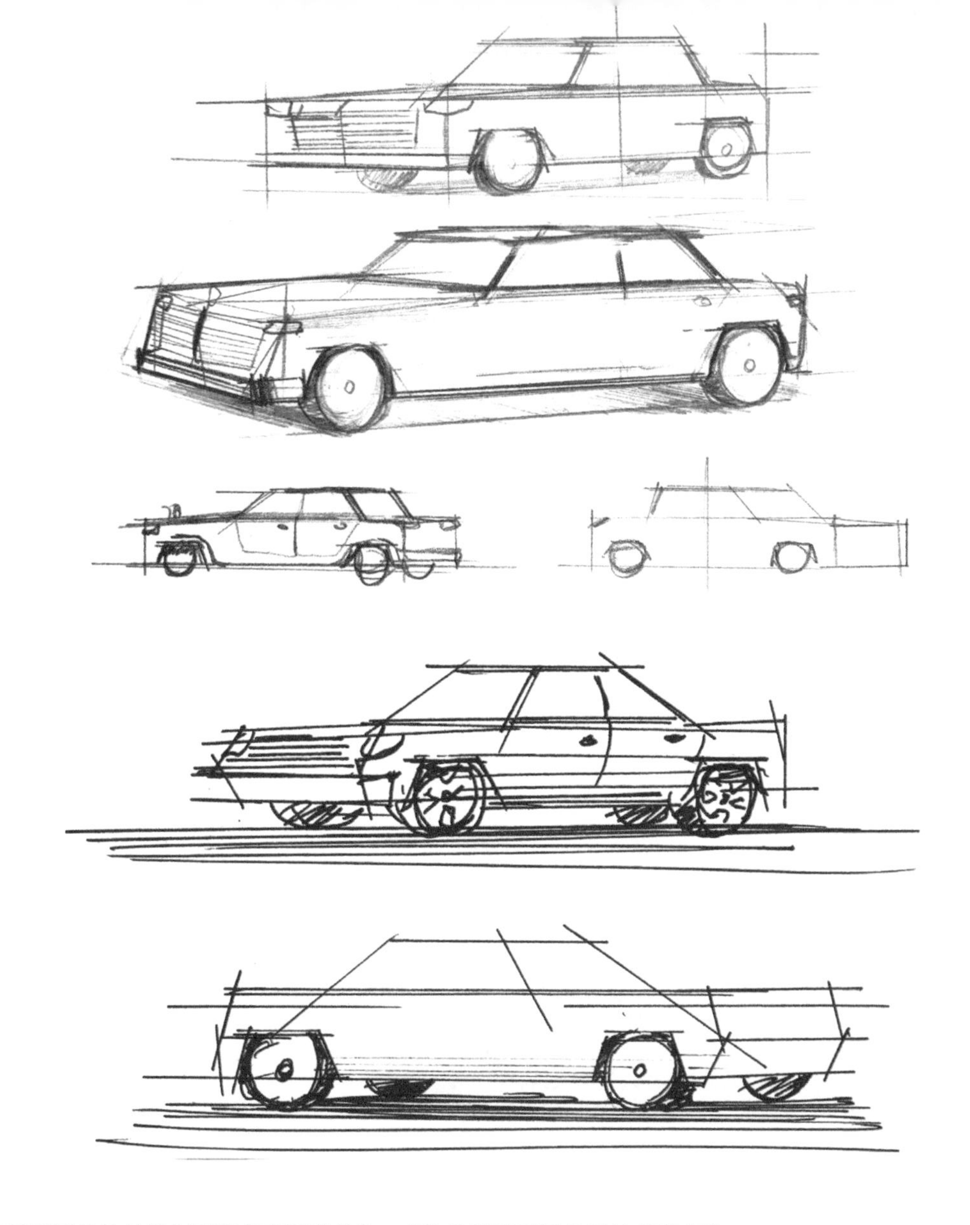

着色采用圆柱体的绘制思路表现弧形车身，车体色彩采用同色系的色彩变化。

在远景中的汽车，可用省略细节的方法来辅助表现空间的远近。

3.3.4 俯视（鸟瞰）汽车表现技法

方体法，即画出汽车的基本形体——长方体，再根据汽车的结构划分出顶棚、车体、轮胎三大体块。根据三大体块的位置来刻画汽车细节。

画俯视（鸟瞰）汽车需注意以下几点。

⑴ 先画俯视的长方体，再画出车体的长、宽、高。

⑵ 在这个长方体中划分出三大体块，即顶棚、车体和轮胎。

⑶ 在三大体块中刻画汽车的细节。

⑷ 最后用墨线笔刻画细节。

注意：同样遵循“宁方勿圆”的画图规律。

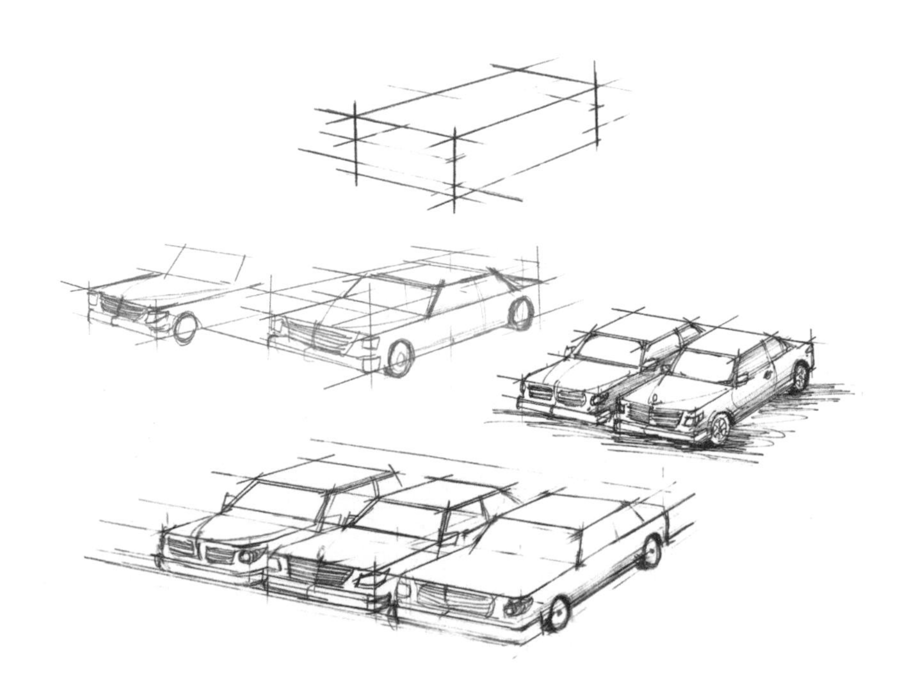

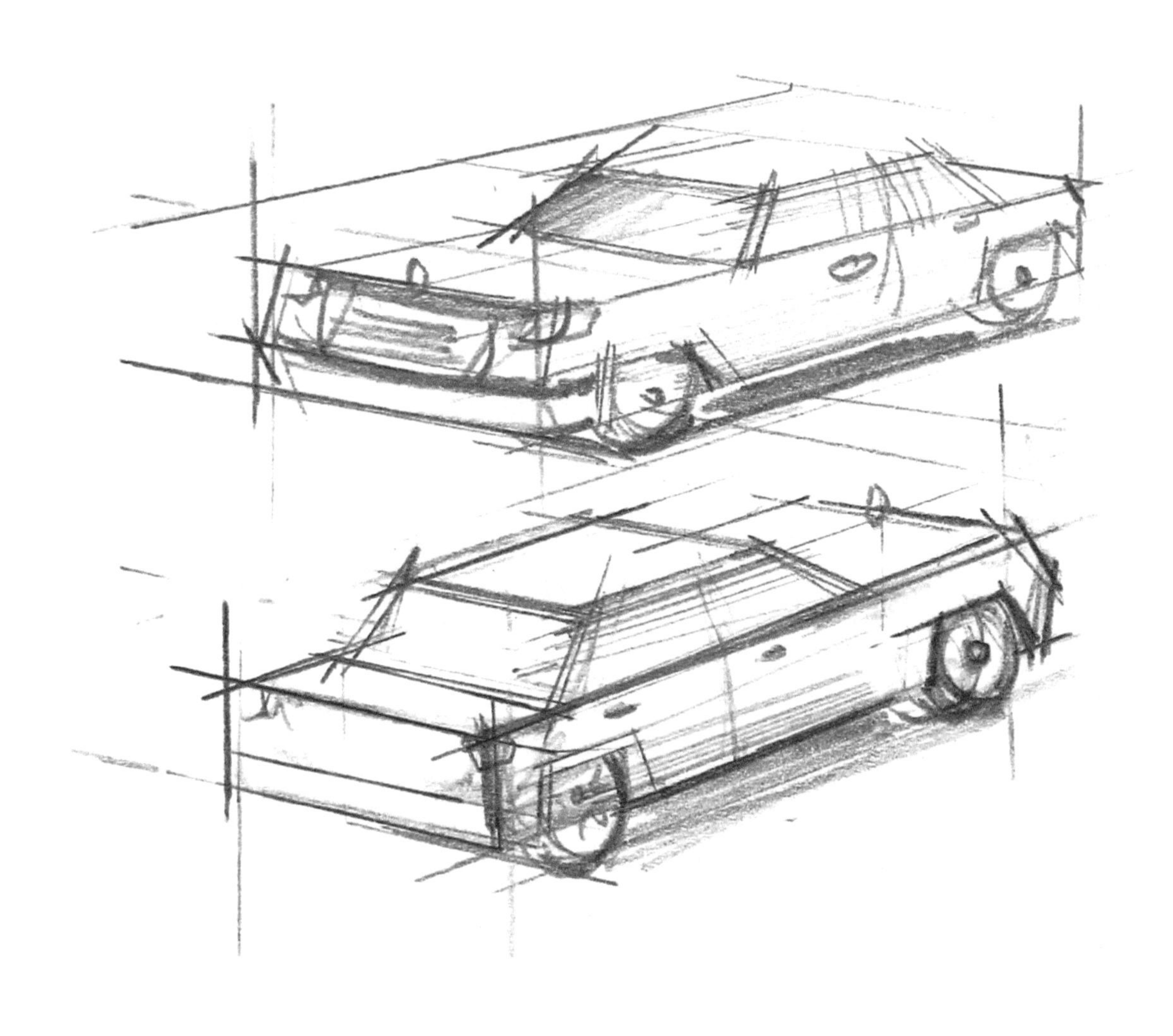

第4章

建筑材质与建筑局部表现技法

4.1 玻璃表现技法

4.1.1 平面玻璃表现技法

建筑表现中的平面玻璃多数呈现出蓝色或蓝绿色的效果。用马克笔表现时，可多采用以排笔笔触表现平整、光洁的玻璃质感的手法。

画平面玻璃需要注意以下几点。

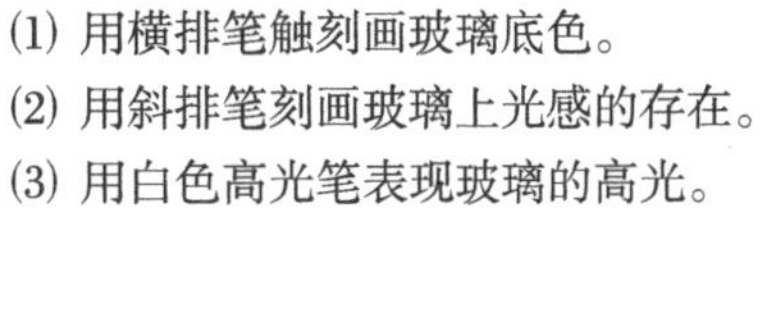

(1) 用横排笔触刻画玻璃底色。

(2) 用斜排笔刻画玻璃上光感的存在。

(3) 用白色高光笔表现玻璃的高光。

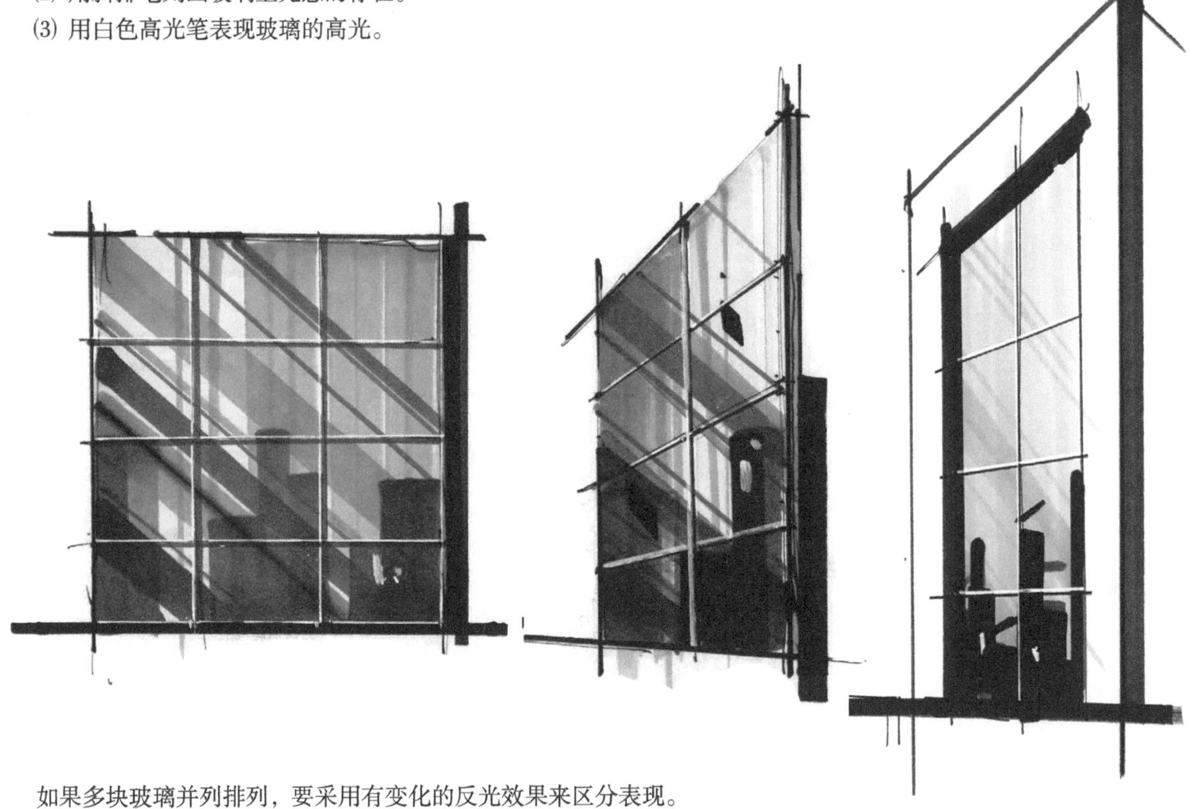

如果多块玻璃并列排列，要采用有变化的反光效果来区分表现。

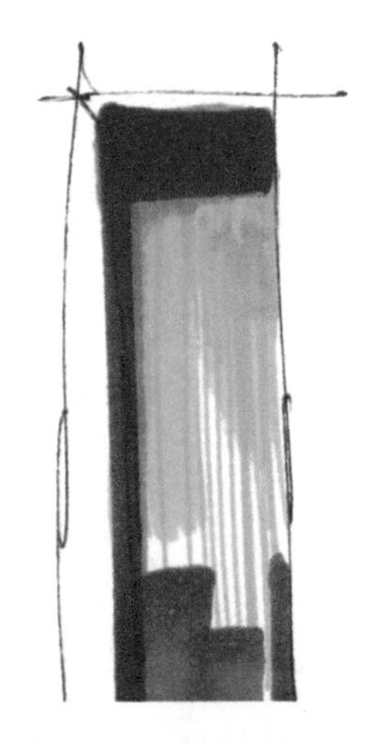

第一种

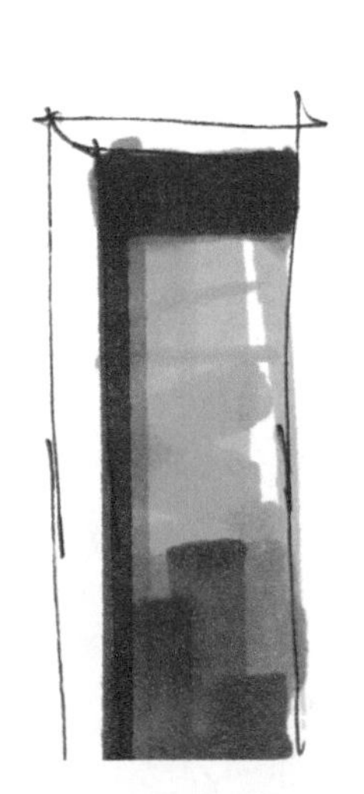

第二种

第三种

第四种

平行玻璃上的4种反光效果

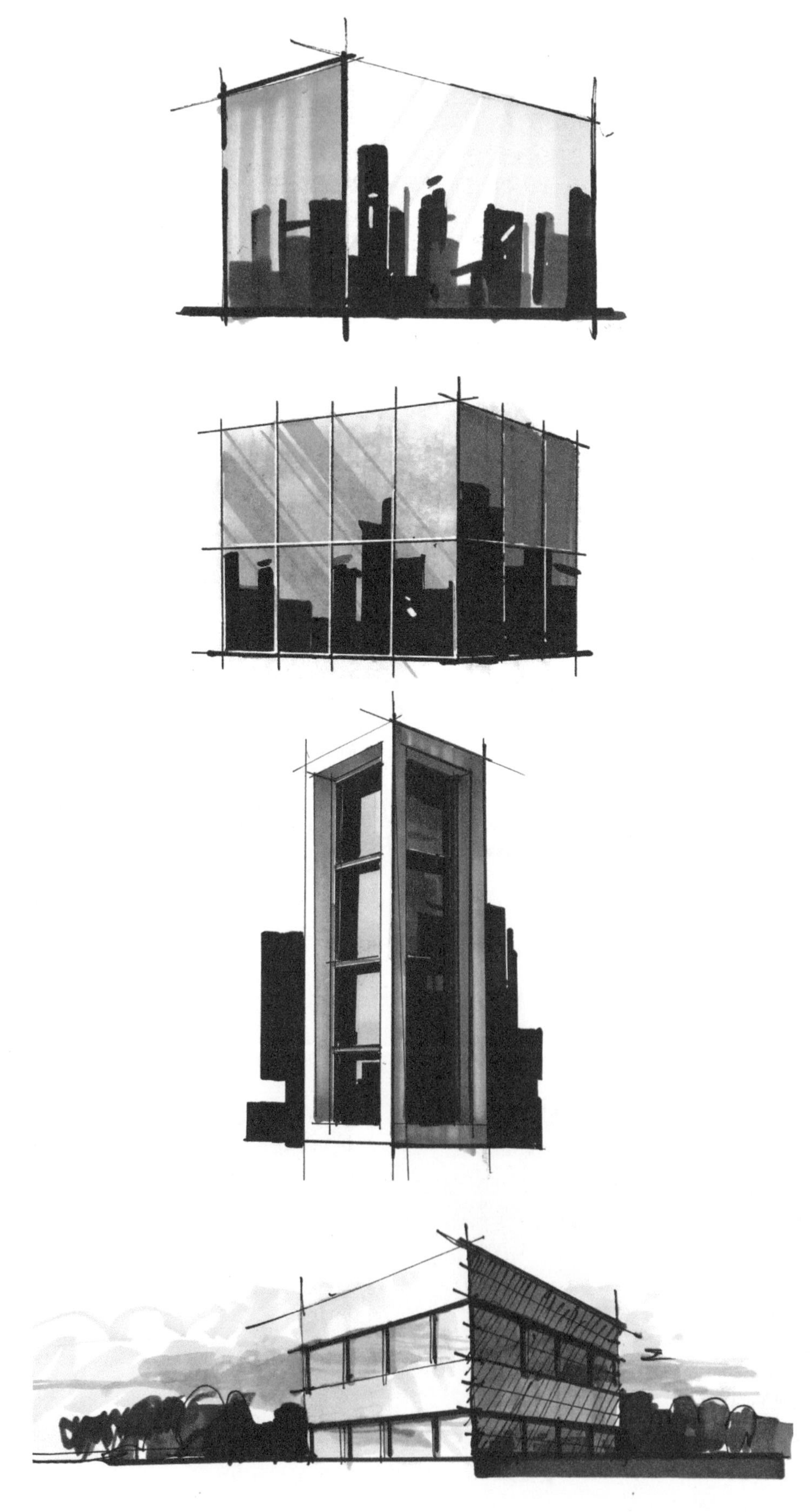

反射天空云彩的效果

2012.8.3

4.1.2 弧面玻璃表现技法

弧面玻璃是安装在弧形形体上的，表现弧面玻璃时要注意这一特点。表现玻璃有一个经验“公式”，即黑色（表现素描关系）+蓝色+马克笔笔触=玻璃效果，其重点是读者要会用黑色，画面中如果没有黑色，会产生“灰色画面”，画面会缺少对比。

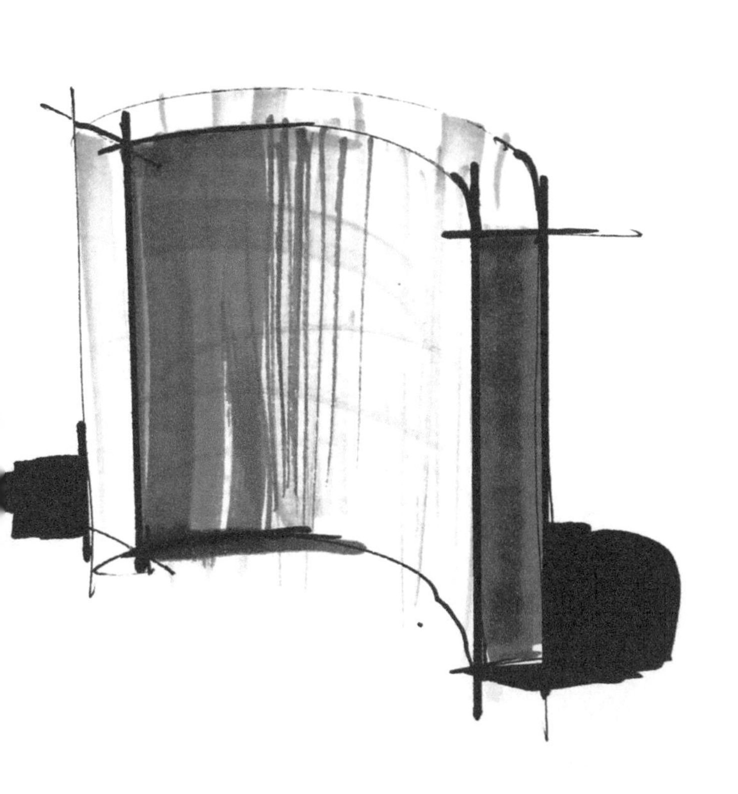

4.2 木材与石材表现技法

4.2.1 木材表现技法

表现木材重点是木质纹理的表现，而了解木纹形成原理则更便于准确地表现木纹。刻画木纹的线条应纤细轻巧，木板结构线应清晰明了。

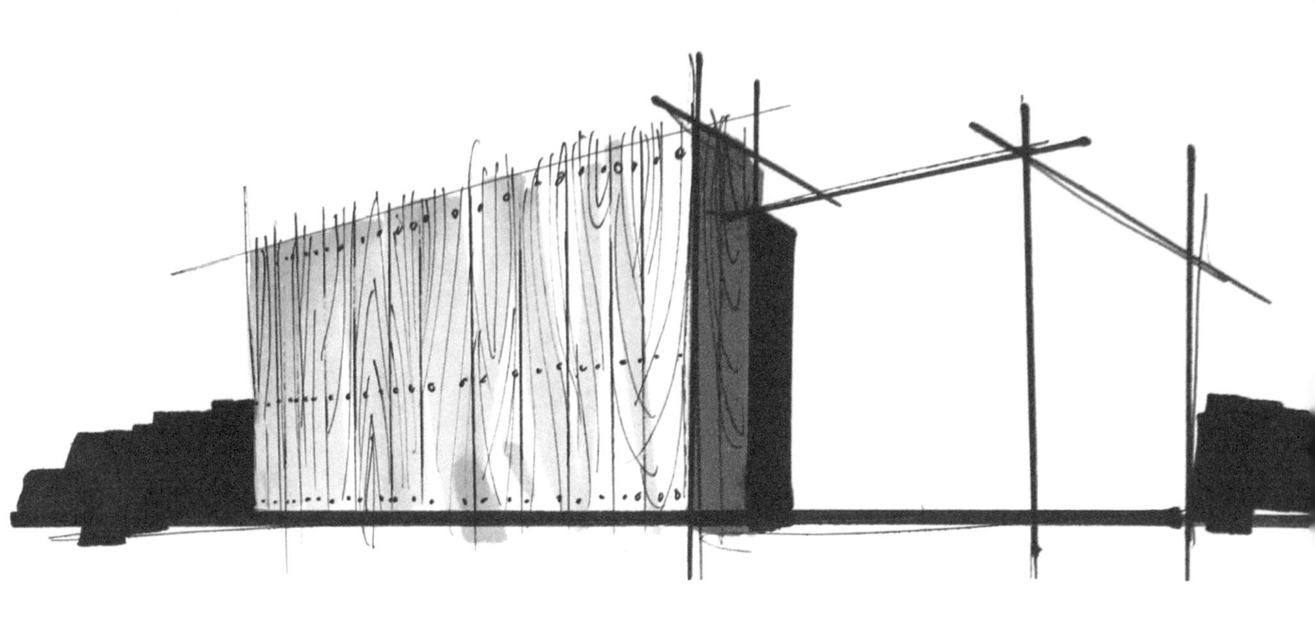

4.2.2 石材表现技法

范例1：大理石

大理石是建筑表现中比较常见的石材，它的特点是色彩丰富、纹理样式多样。表现这种石材时，它的天然大理石纹理是刻画的重点。

范例2: 砖墙

砖墙外形整体统一、局部有变化的纹理，是建筑中重要的建筑材料和装饰材料，也是建筑表现的“主角”之一。有积少成多、添砖加瓦的美好寓意，也能突显建筑物历史悠久朴实无华的效果。

理解砖块的排列方式有助于表现砖墙的纹理结构。表现砖墙的色彩变化可采用同色系颜色明度的变化的技法。

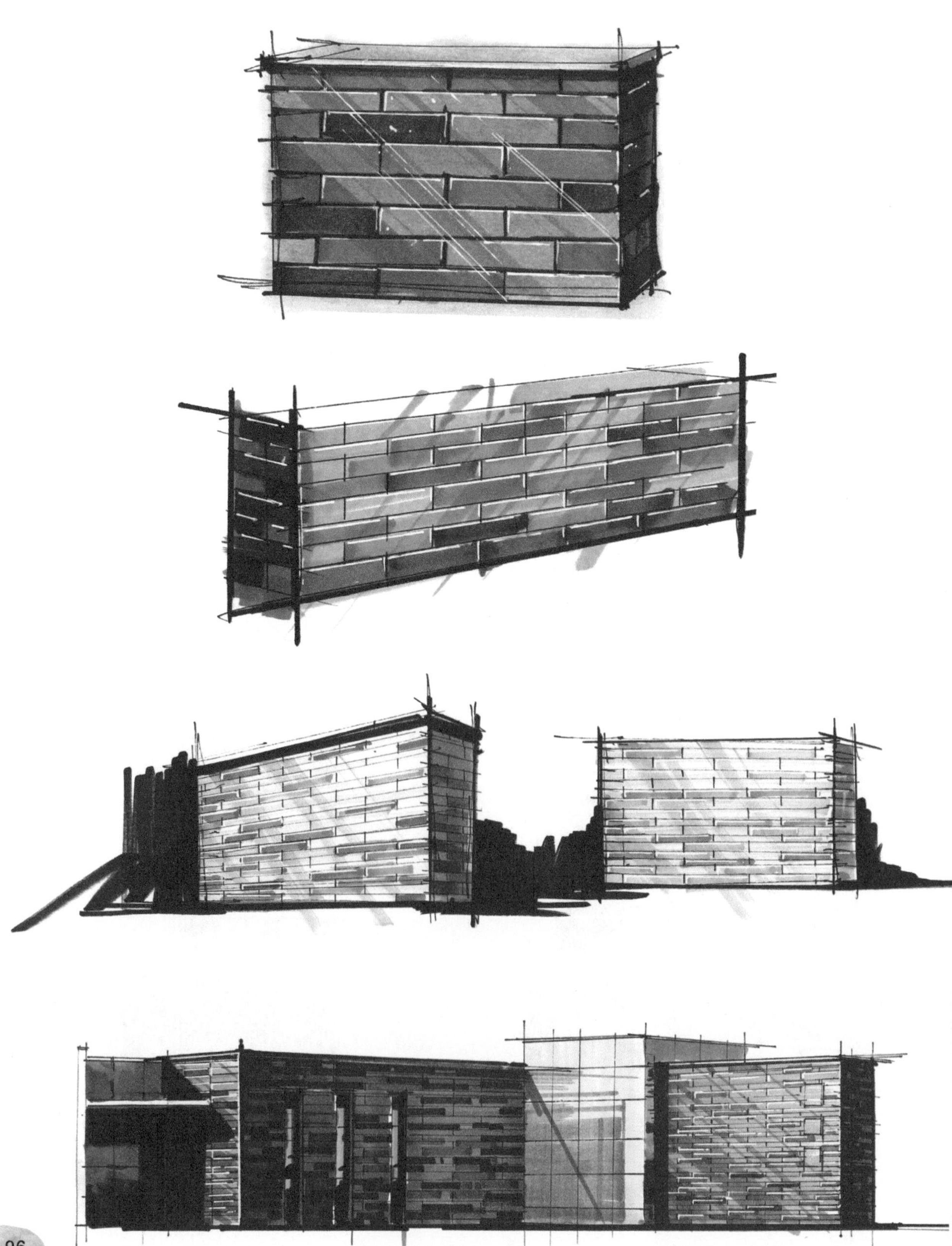

范例3：文化石

文化石可分为天然文化石和人工文化石。天然文化石中板岩、砂岩、石英石居多，石材质地坚硬；而人工文化石色彩鲜艳，纹理丰富风格各异，使用较广泛。

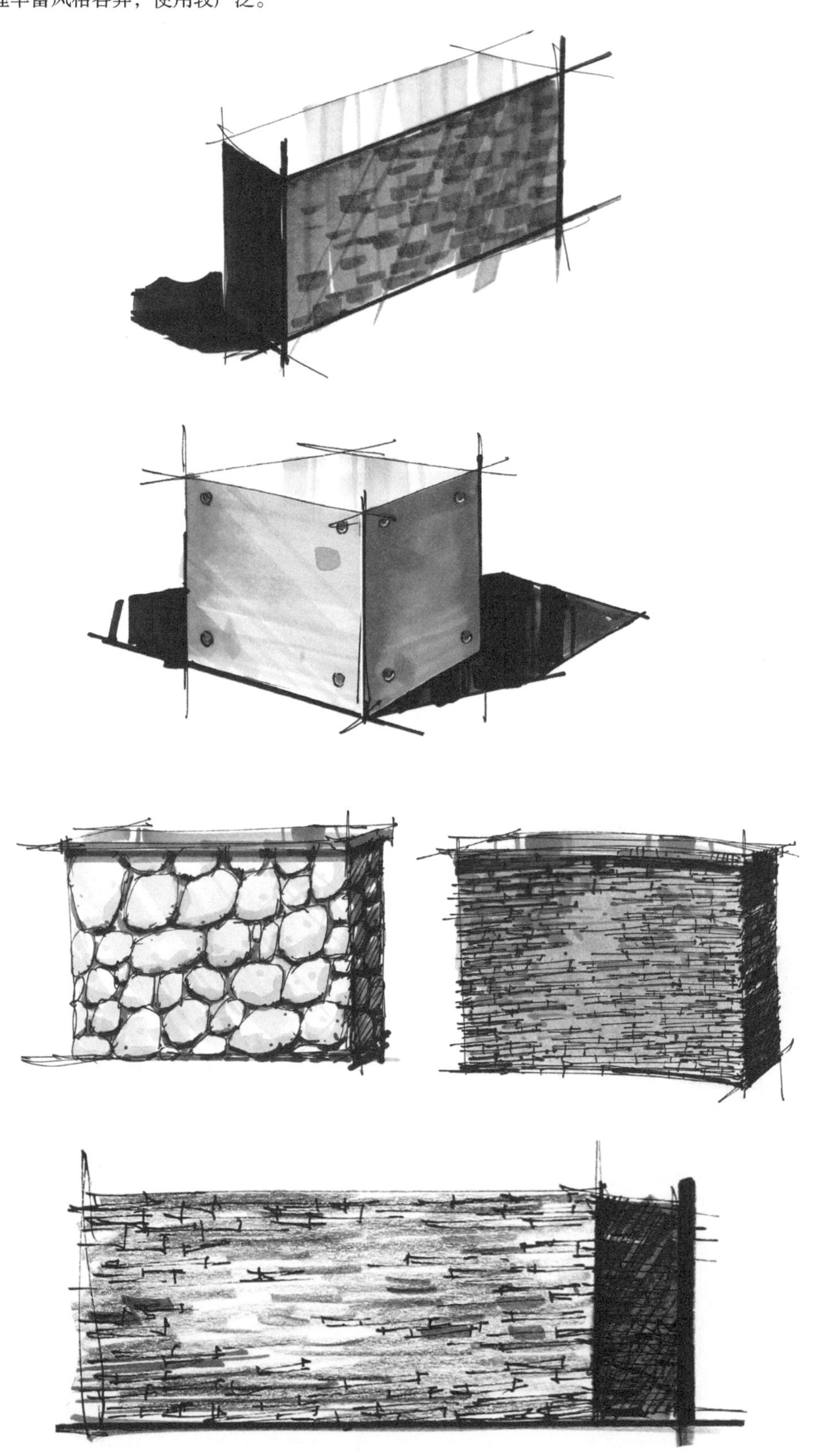

4.3 建筑局部表现技法

4.3.1 建筑雨篷表现技法

雨篷的样式也是多样的，其中，金属与玻璃材质的是最为常见的。在平视透视图中，雨篷可以说是不容易画正确的一个细节，因为雨篷接近视平线，很难观察它的透视，所以常常画错。

范例1：金属雨篷

步骤一：先画出结构线稿，可以用铅笔起稿。这样容易画正确透视、比例、结构等。

步骤二：用浅冷灰色马克笔表现工字钢的固有色，用熟褐色表现木门的固有色。

步骤三：用暖灰色马克笔竖向，横排笔表现墙面的固有色（注意：下笔果断、快速），深冷灰色画出工字钢的暗面。再用深暖灰画出工字钢投在墙面、门上的投影。

步骤四：最后一步用深色、黑色马克笔刻画结构的转折处，如雨篷的暗部投影、门与门框的衔接处等。黑色起到画龙点睛的作用。

范例2：玻璃雨篷

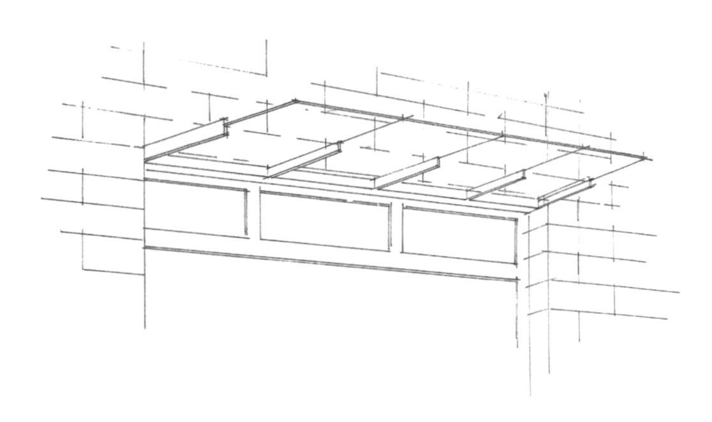

步骤一：先画出雨篷的结构线，注意透视、比例、结构是否正确。

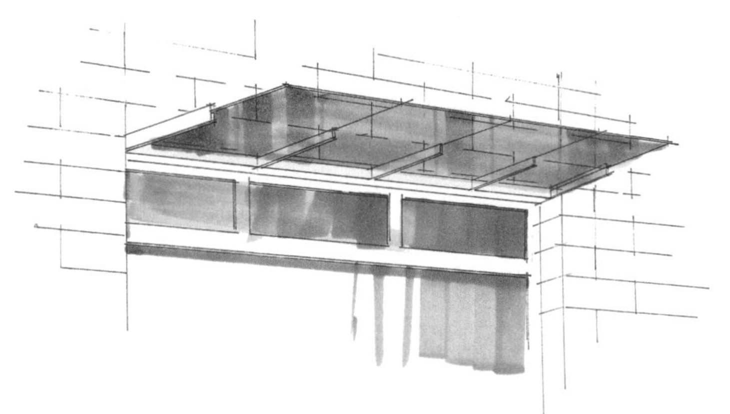

步骤二：用冷灰色与蓝灰色马克笔分别表现雨篷玻璃与门框玻璃的固有色，这两块玻璃的色彩要区分开。

步骤三：用红灰色马克笔表现墙面色彩，笔触表现应有变化（注意：近处笔触多些，远处笔触少些，墙面就会有远近变化的透视效果）。

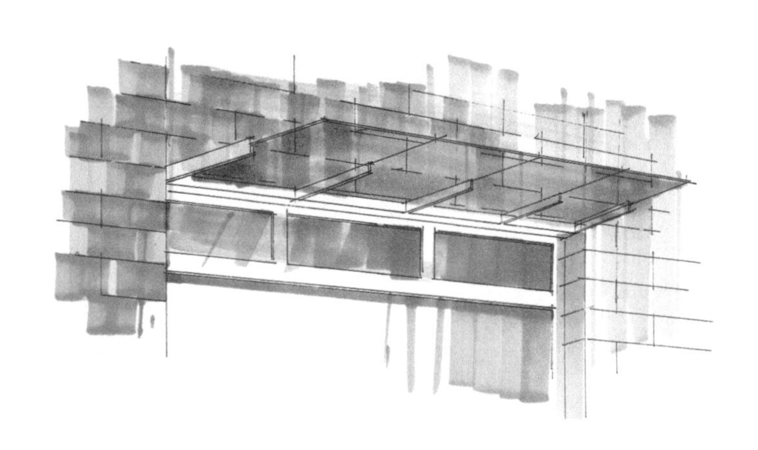

步骤四：最后用深褐色、黑色马克笔刻画雨篷的暗面、投影、门框和门的衔接处等。

4.3.2 建筑入口表现技法

入口是一座建筑的重要部分。它的设计既要满足方便出入建筑的基本属性，又要满足彰显建筑个性、协调整体建筑设计方案的要求。它的主要功能是交通联系，是外部空间过渡到内部空间的连接空间。

范例1：侧门

步骤一：用勾线笔勾画线稿，线条要干净流畅。

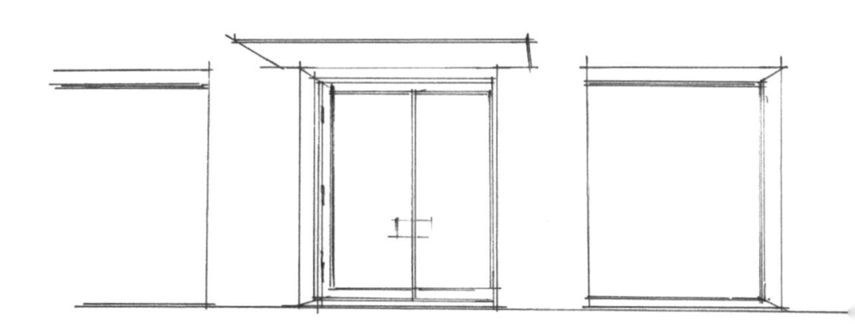

步骤二：用浅暖色马克笔整体着色一边，使色彩统一。用蓝灰色马克笔表现玻璃的基本色彩。

步骤三：用同色系的深色马克笔画出投影位置，运笔要大胆果断。

步骤四：用深黑色马克笔完善玻璃的反光和投影。

范例2：图书馆正门

步骤一：用针管笔勾画墨线线稿，表达清晰建筑的结构及体块的穿插关系。

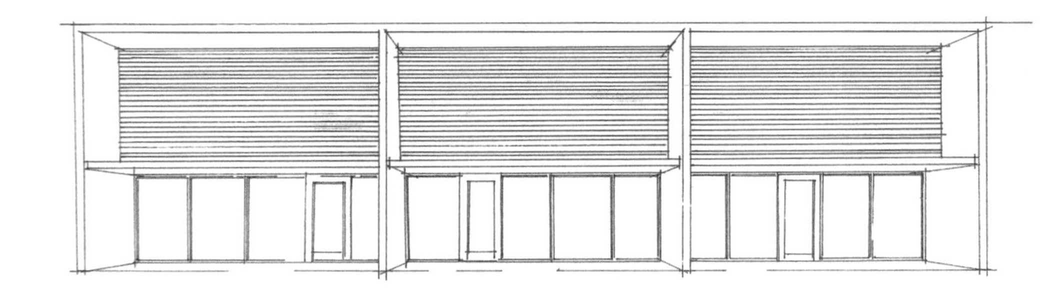

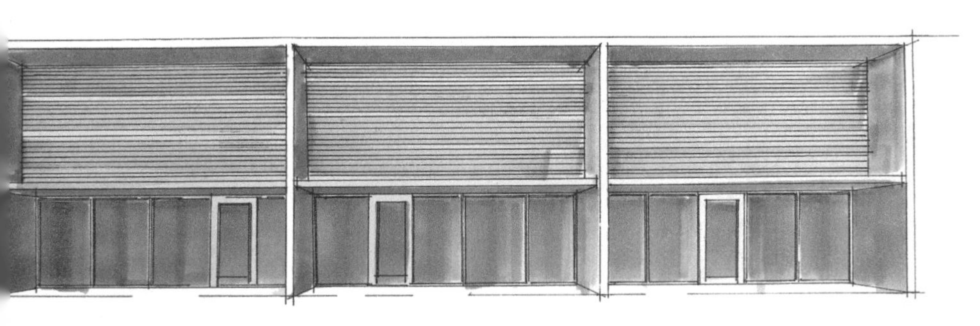

步骤二：用暖灰色马克笔表现建筑的基本色彩，用蓝色马克笔表现玻璃的固有色。要采用横排笔的运笔方式来表现。

步骤三：用深暖灰马克笔画在建筑投影的位置，玻璃上的投影用蓝灰色马克笔刻画，这样可以增加空间的对比关系。

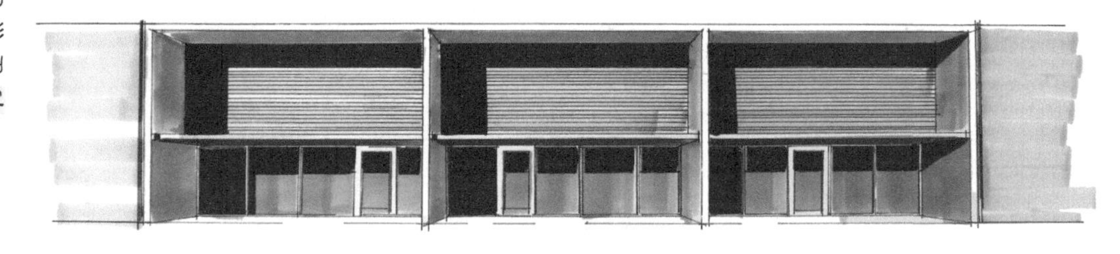

步骤四：天空用色粉笔与色铅笔表现，玻璃的反光用深黑色马克笔表现。

范例3：逃生门

步骤一：用针管笔表现建筑的形体结构。

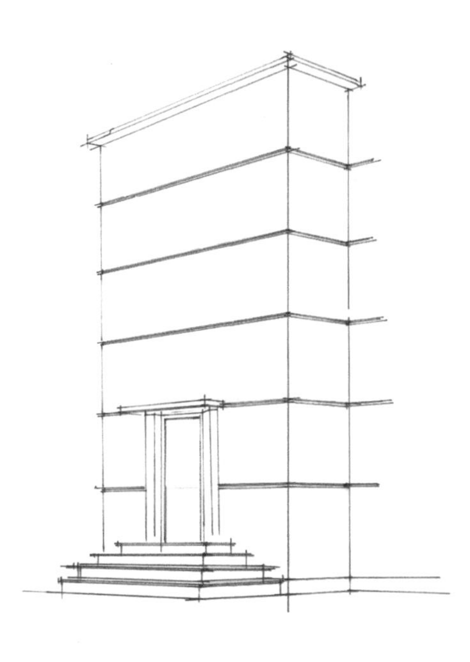

步骤二：用浅砖色马克笔表现建筑亮面，用深砖色马克笔表现暗面。用暖灰色马克笔表现门的固有色。用暖灰色9号马克笔表现投影。

步骤三：画出墙面上的砖块纹理，亮面的光影可以用同色系马克笔以斜画线的方式表现光感。

步骤四：刻画砖块的纹理色彩，强调结构的轮廓线。

范例4：人防出口

步骤一：用铅笔起稿，再以针管笔勾画叠线稿。画出玻璃里面的（室内的基本结构），这样可以更好地表现建筑的空间。

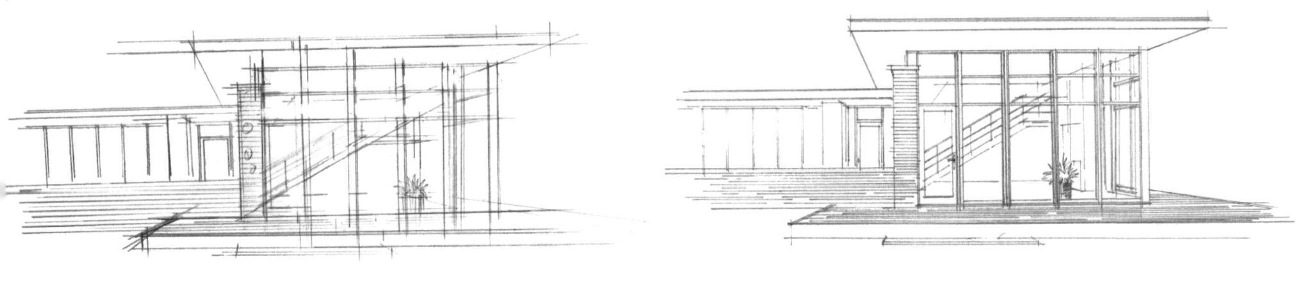

步骤二：用浅玻璃蓝色马克笔表现大面积的落地玻璃窗，以横排笔方式表现整洁的玻璃表面。

步骤三：用黄色马克笔表现室内的色彩关系，主要是顶棚的位置。

步骤四：用深蓝色马克笔表现玻璃底部反射周围环境的色彩。

步骤五：用黑色马克笔画窗框，同时加强室内的结构。

范例5：临时入口

步骤一：用针管笔勾画入口线稿，刻画出形体的基本结构、透视关系即可。

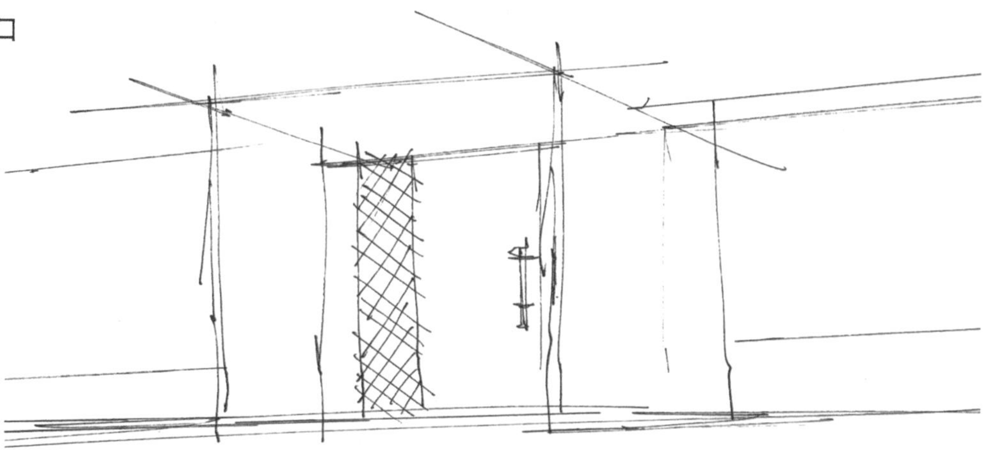

步骤二：用棕色马克笔画基本色调，马克笔笔触要采用随形运笔的方式来表现。

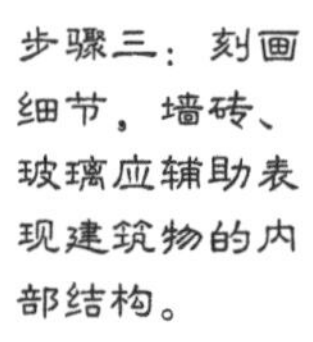

步骤三：刻画细节，墙砖、玻璃应辅助表现建筑物的内部结构。

范例6：别墅正门

步骤一：徒手快速画出内凹结构入口，线条要大胆、快速，结构要清晰。

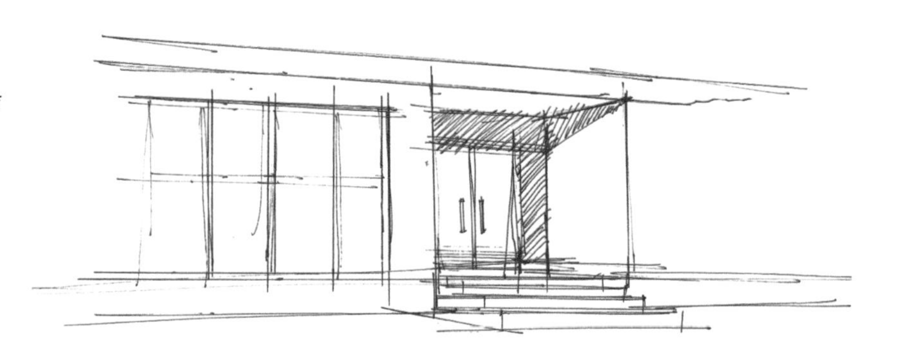

步骤二：用浅褐色马克笔绘制砖墙的主色调，用浅蓝色马克笔表现玻璃，马克笔同样采用“Z”字形的渐变。

步骤三：用深色系马克笔刻画玻璃与凹陷入口处的投影，增强空间感。

步骤四：刻画砖墙面纹理，与白色入口形成明暗对比效果。

范例7：教学楼侧门

步骤一：采用铅笔起稿，针管笔画叠线稿完成。重点是比例、透视。

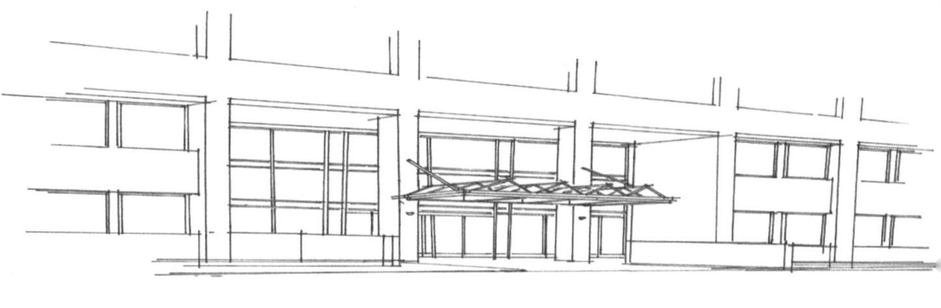

步骤二：再用蓝色色粉笔表现大面积玻璃的色彩，用色粉笔画出的地方可以用橡皮擦掉（色粉笔的表现方法同上）。

步骤三：画出建筑立面砖块的纹理。可以先画出一小部分砖块，再整体观察砖块的比例是否符合整体建筑的比例，然后再画整面墙砖块。

步骤四：用砖色马克笔表现建筑入口亮面的色彩变化，注意亮面笔触的变化。在画亮面的笔触前，可以在练习纸上多画几遍，熟练之后再画，避免画错，否则会影响画面效果。用浅蓝色马克笔强调雨篷上玻璃的效果。

步骤五：雨篷玻璃暗面用墨蓝色马克笔表现，地面用暖灰色马克笔表现，以突出建筑与地面的关系。

范例8：公寓正门

步骤一：先用铅笔确定入口的基本结构与细节，再用墨线笔和尺规完成建筑入口的线稿，为着色确定好结构。

步骤二：用暖灰色马克笔表现建筑入口的基本空间结构，可以用浅暖灰色马克笔画两遍暗面，起到加深明度强调空间的效果。注意：本案例中的暖灰色在不同的绘画步骤中是略有变化的。读者在临摹时，要体会颜色的变化，要根据形体的结构的变化来选择不同的暖灰色。

步骤三：用暖灰色马克笔加深暗面强调建筑入口的空间效果，注意表现建筑入口的空间层次感。

步骤四：用暖灰色马克笔强调建筑的暗面，但不是每个暗面都加深，应选择位置靠前、需要重点表现部位的暗部来加深，最后用黑色马克笔表现铸铁栏杆。

范例9：别墅门门柱

步骤一：以铅笔起稿，再以针管笔勾画墨线。要求透视、比例、结构都正确。

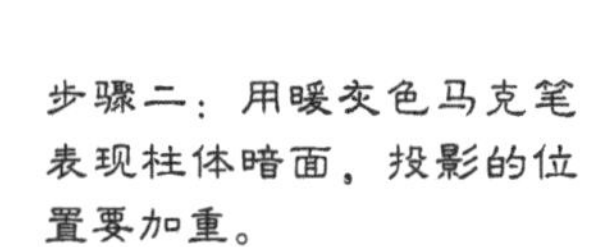

步骤二：用暖灰色马克笔表现柱体暗面，投影的位置要加重。

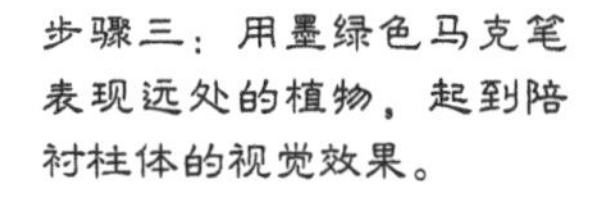

步骤三：用墨绿色马克笔表现远处的植物，起到陪衬柱体的视觉效果。

步骤四：最后一步用黑色马克笔刻画铁艺栏杆，柱头雕花用深暖灰色马克笔强调空间感。

4.3.3 建筑窗户表现技法

作为建筑重要构件之一，窗户的造型设计五花八门。窗户主要用以采光与通风，同时也是展示建筑个性，提升建筑品质和舒适度的重要构件。

窗户表现的难点是窗户的基本结构，下面分别介绍正确与错误的效果。

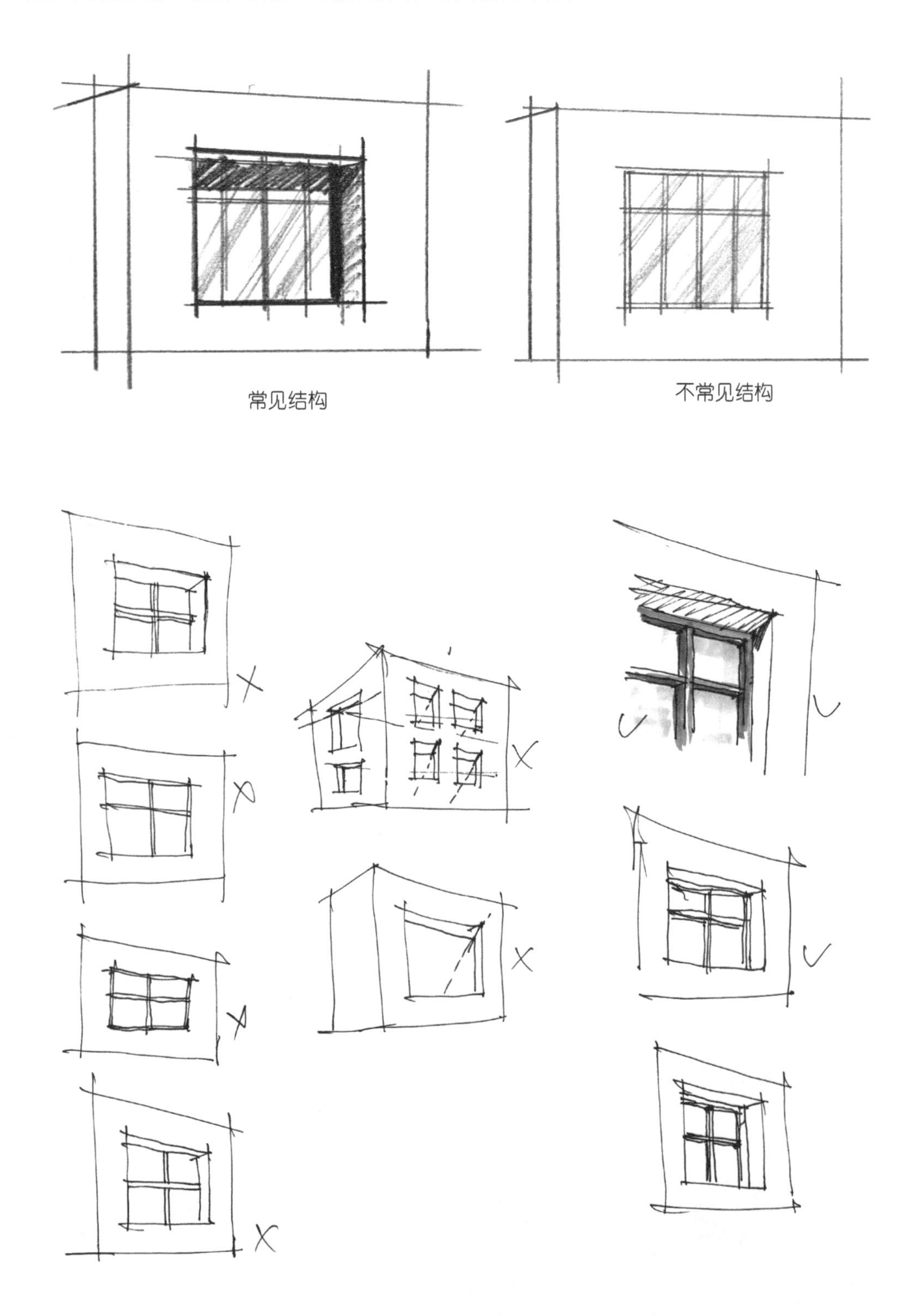

左边窗户的错误或缺少窗洞，或窗框内部结构不对；而右边窗洞、窗框的结构则能表现清楚 。

范例1：带遮阳窗扇的窗户

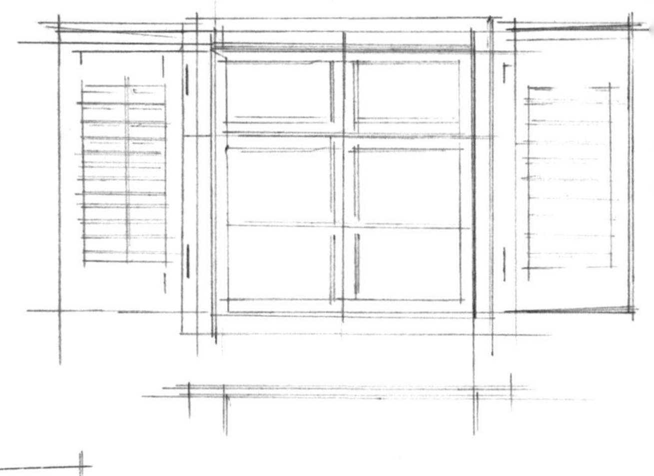

步骤一：铅笔起稿，确定窗户的位置、结构。

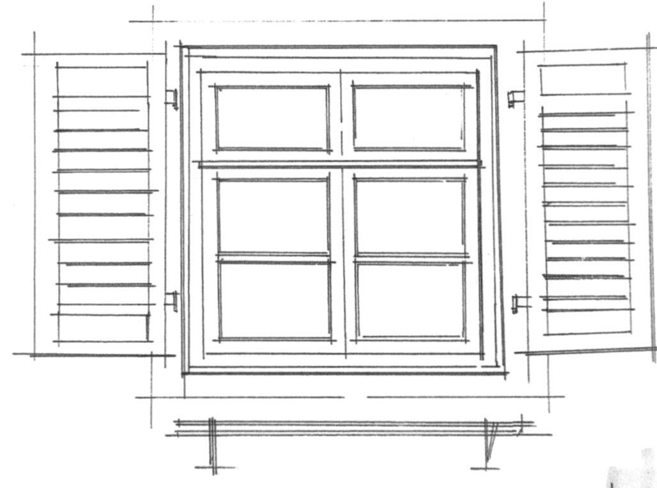

步骤二：用针管笔勾画墨线稿，确定结构。线条应轻快、明了。

步骤三：用浅暖黄色马克笔表现墙体，再用暖灰色马克笔表现窗子的基本结构。

步骤四：用墨绿色马克笔表现窗扇，用深蓝色马克笔表现玻璃。用黑色马克笔强调形体结构。注意：掌握本例中的配色并活学活用。

范例2：现代简洁建筑组窗

步骤一：画出竖向窗子的结构，线与线衔接的位置要出头，这样的画面会更有美感。

步骤二：用浅蓝色马克笔刻画玻璃的色彩，运笔应快速、准确。注意：上色不要画到线稿外面。

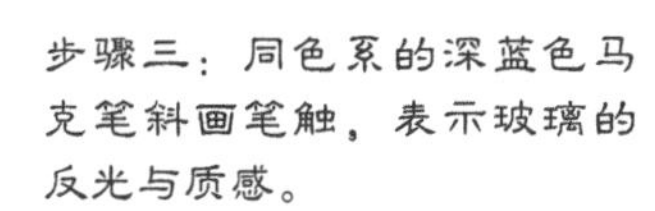

步骤三：同色系的深蓝色马克笔斜画笔触，表示玻璃的反光与质感。

步骤四：用深黑色马克笔表现玻璃的反光，同时也能增加玻璃的真实效果。

范例3：日式建筑组窗

步骤一：徒手绘制出基本的结构，线条要流畅，透视、比例要正确。

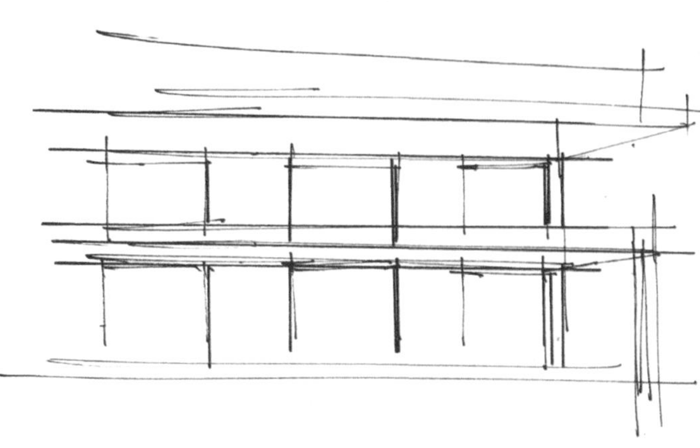

步骤二：用浅蓝绿色马克笔表现玻璃底色，用暖灰色马克笔表现建筑暗面。

步骤三：建筑投影到玻璃上的颜色用蓝黑色马克笔画，投影到墙上用暖灰色马克笔画，以形成冷暖对比。用深蓝色马克笔表现玻璃反射周围环境的色彩。

步骤四：最后用白色高光笔刻画物体亮面的高光，可以用直尺辅助刻画白色高光。

范例4：有角度变化的组窗

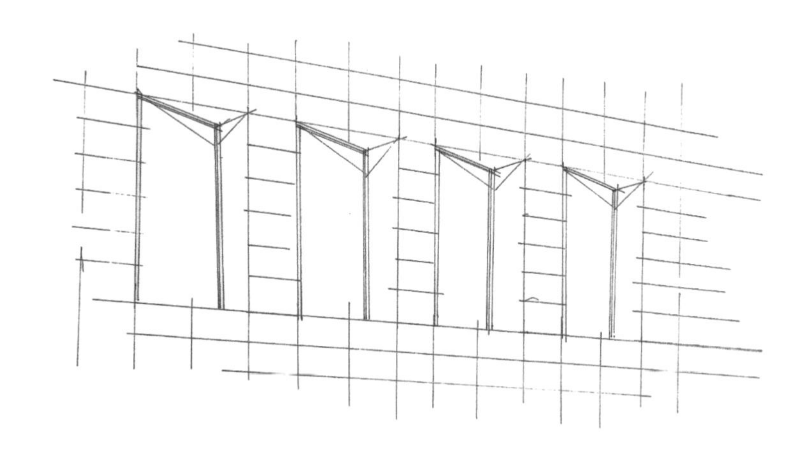

步骤一：同样是先确定墨线稿，尽量把线稿画得完整、准确。

步骤二：用暖灰马克笔表现墙面的基本色彩，同时注意摆出斜线笔触以体现光感。

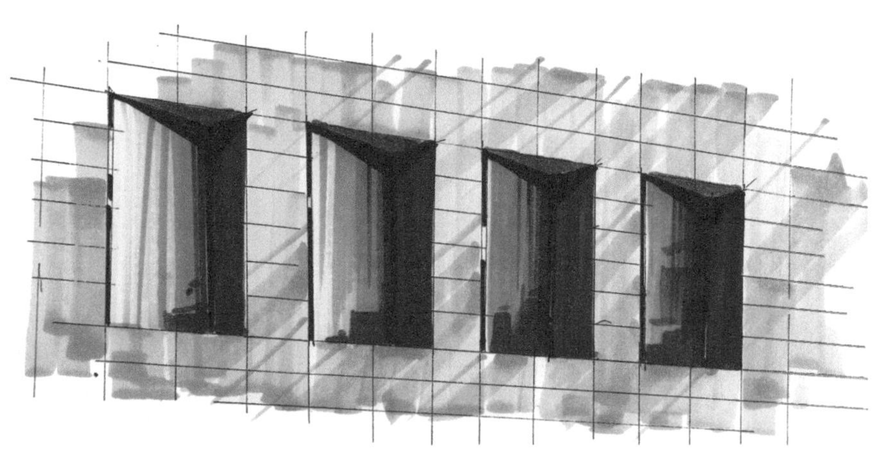

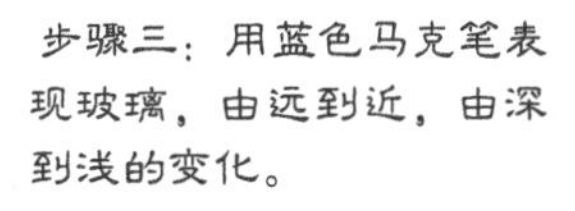

步骤三：用蓝色马克笔表现玻璃，由远到近，由深到浅的变化。

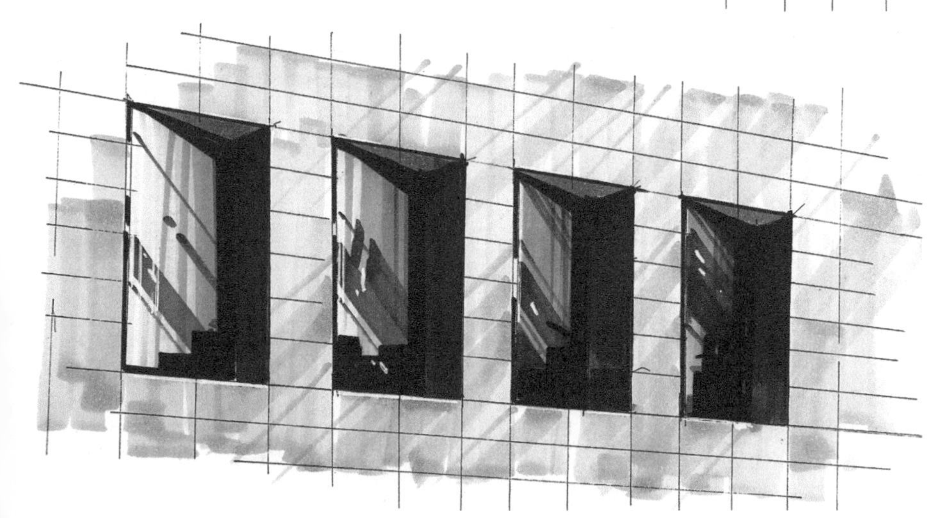

步骤四：用黑色马克笔表现玻璃的反光，投影也可以用深黑色马克笔表现。

范例5：有玻璃墙体的组窗

步骤一：用针管笔画出墨线稿，用浅蓝色马克笔表现玻璃，用冷灰色马克笔表现墙体。

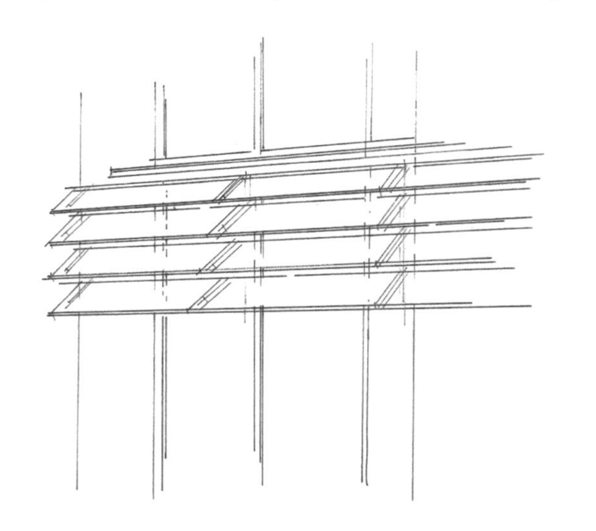

步骤二：用深蓝色马克笔表现投影到玻璃上的位置，同时也能增强画面的空间感。

步骤三：用黑色、深冷灰马克笔表现投影，进一步增强画面整体的空间效果。

范例6：欧式阁楼组窗

步骤一：详细绘制出形体结构，要尽量做到准确无误。

步骤二：用暖灰色马克笔确定整体的明暗关系，也就是物体的固有色。

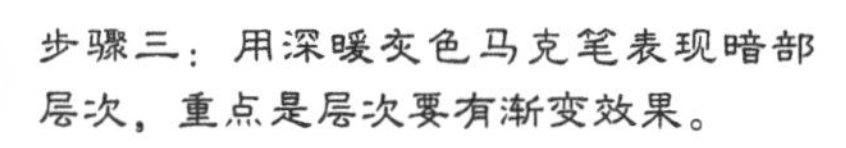

步骤三：用深暖灰色马克笔表现暗部层次，重点是层次要有渐变效果。

范例7：教学楼侧面组窗

步骤一：利用直尺画出准确的线稿，透视、比例、结构依然是重点。

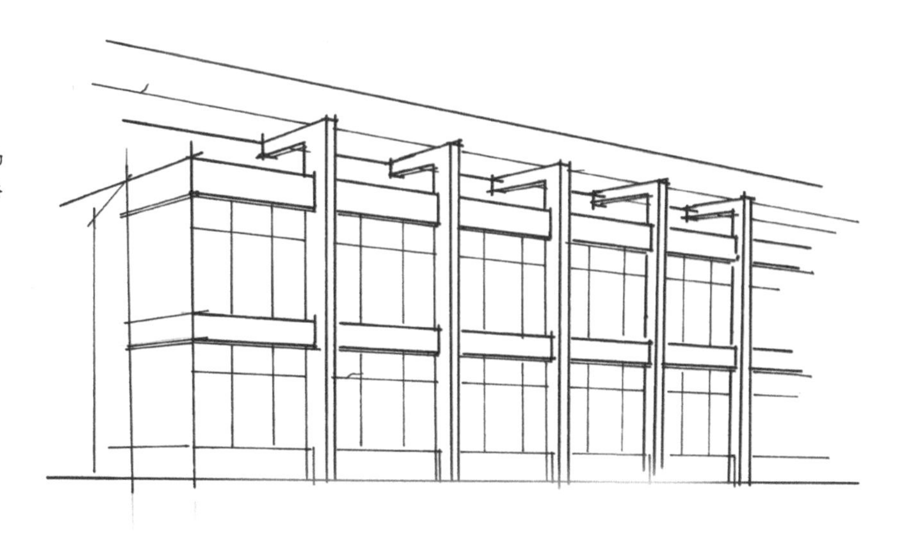

步骤二：用深蓝色、浅蓝色马克笔分别画出玻璃的亮面与暗面，亮面的玻璃应适当留空白，以表现玻璃上反射出来的天空中的云朵。

步骤三：用深黑色马克笔刻画投影，而玻璃上反射周围的环境色则用蓝绿色马克笔表示。玻璃上的高光用白色高光笔刻画。

范例8：玻璃幕墙

步骤一：用铅笔起稿，再以针管笔画墨线勾画具体结构。

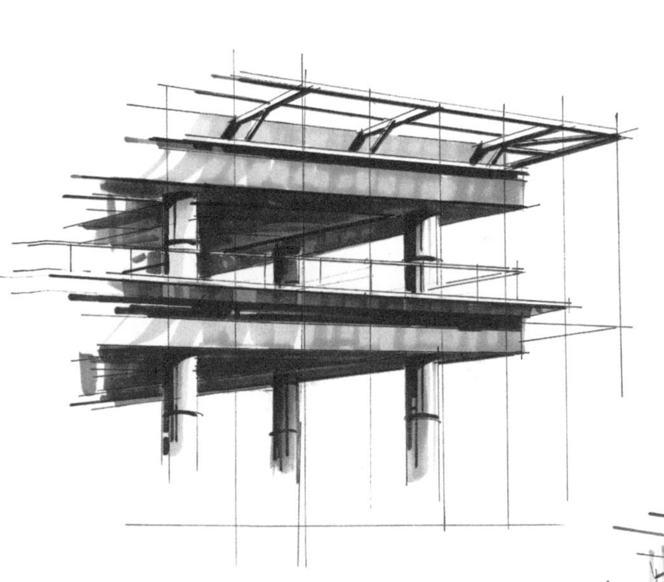

步骤二：刻画建筑体块的明暗关系，拉开建筑框架跟幕墙之间的空间关系。

步骤三：在建筑框架的外围用浅蓝色马克笔表现玻璃，均匀排笔。画出结构玻璃幕墙。

步骤四：最后画些天空的色彩，起到丰富画面的作用。

4.3.4 建筑飘窗表现技法

范例1：民用住宅飘窗

步骤一：铅笔确定形体位置、大小、结构。针管笔勾画墨线，透视、比例、结构都要准确。

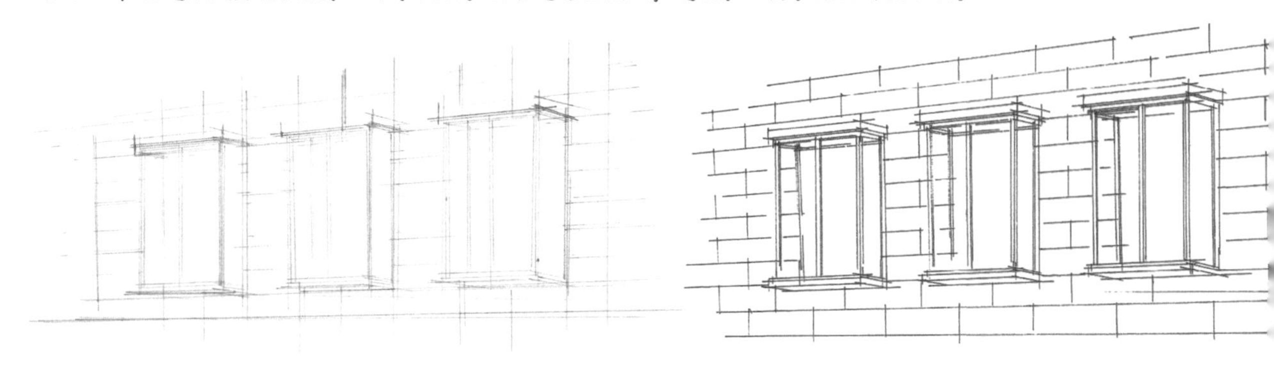

步骤二：用浅黄色马克笔表现墙体的固有色，飘窗的投影要确定下来。

步骤三：用浅蓝色马克笔表现玻璃，再以深蓝色马克笔表现玻璃的反光。

步骤四：用深黑色马克笔表现玻璃的暗面与质感，同时用黑色马克笔表现强调投影的结构。

范例2：别墅飘窗

步骤一：用铅笔确定位置，再用针管笔表现墨线，重点注意透视是否正确。

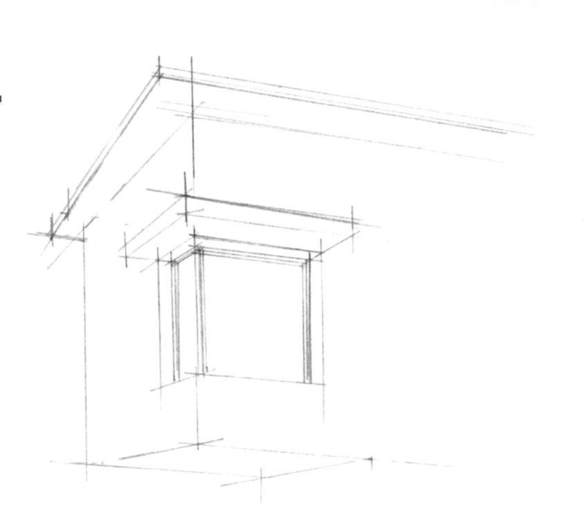

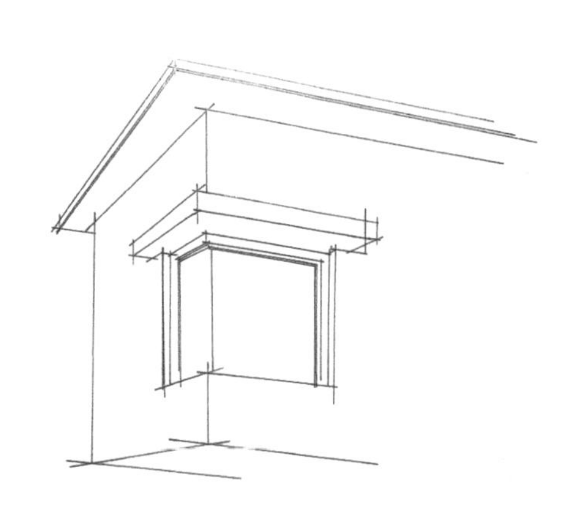

步骤二：用浅暖灰色马克笔表现墙体的固有色，同时分出形体明暗关系。

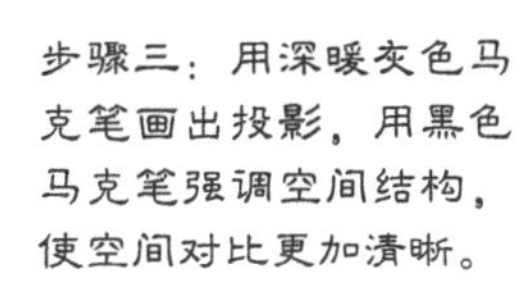

步骤三：用深暖灰色马克笔画出投影，用黑色马克笔强调空间结构，使空间对比更加清晰。

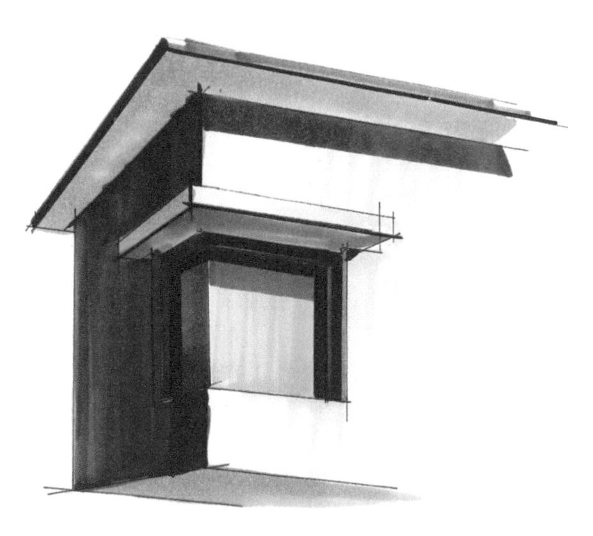

步骤四：着重表现玻璃的光感，采用黑色和白色高光笔分别进行刻画。

范例3：创意别墅飘窗

步骤一：用墨线笔勾画出窗子的基本结构图。

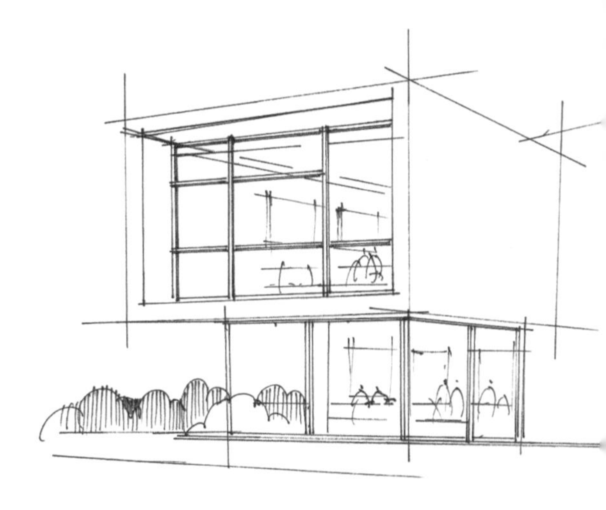

步骤二：用浅蓝色马克笔画玻璃的底色注意用纵向排线的方式来表现。在用蓝色马克笔画第二遍玻璃颜色时，则要注意建筑投在玻璃上的投影变化。

步骤三：用深蓝色马克笔表现投影下的玻璃，以强调玻璃通透的空间效果。要注意以明度的变化来表现纵深感。

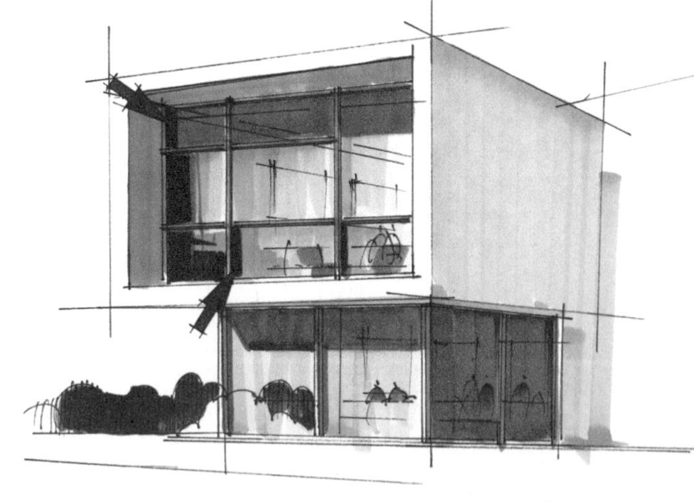

步骤四：用黑色马克笔强调玻璃与窗框的衔接处，并调整玻璃与墙体相统一的整体效果。

4.3.5 建筑阳台表现技法

范例1：民用住宅阳台

步骤一：刻画出基本的形体结构，重点是工字钢的穿插关系。

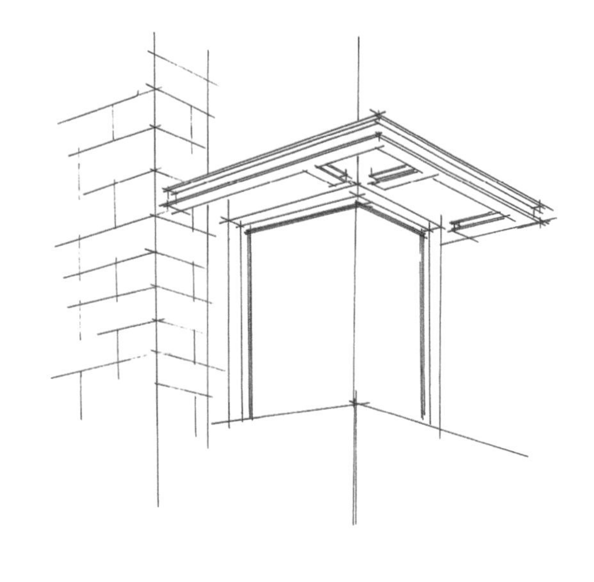

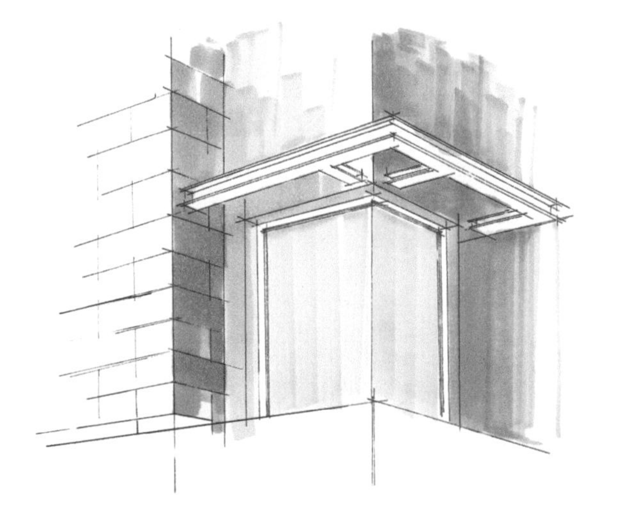

步骤二：用暖灰色、暖黄色马克笔表现出形体的明暗关系。

步骤三：以不同颜色的马克笔分别塑造具体的形体，结构、光影关系，再以黑色马克笔强调形体的光感与投影变化。

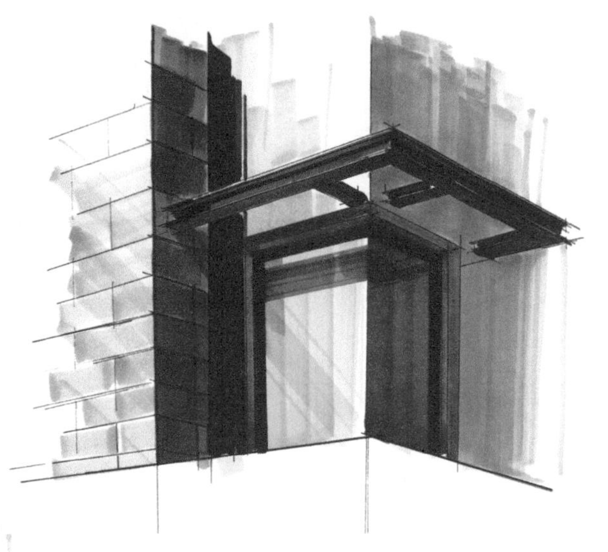

步骤四：最后再用黑色高光笔刻画形体转折处，起到画龙点睛的效果。

范例2：别墅阳台

步骤一：正确画出鸟瞰图的基本结构关系，玻璃的通透感也要画出来。

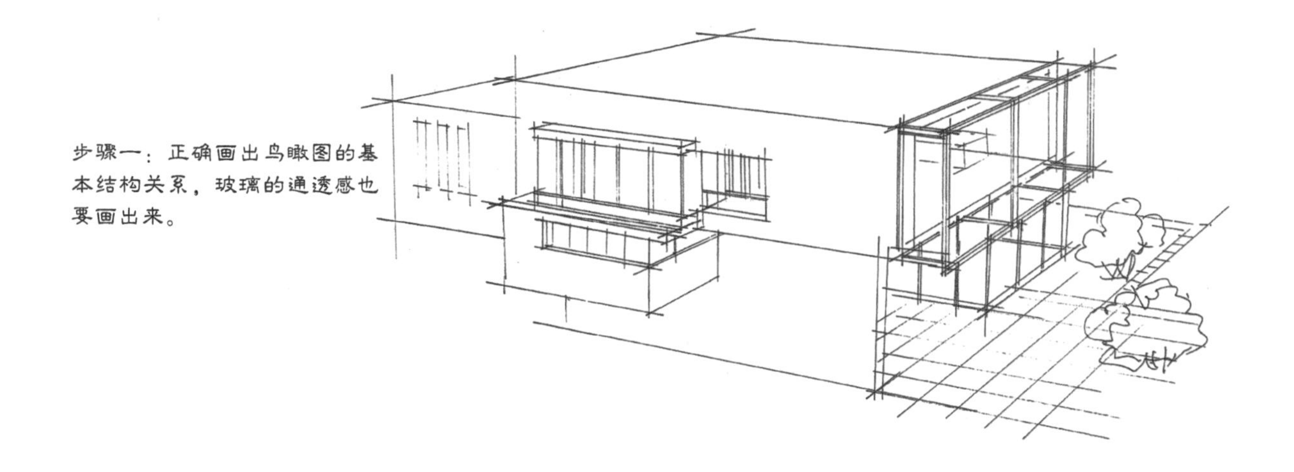

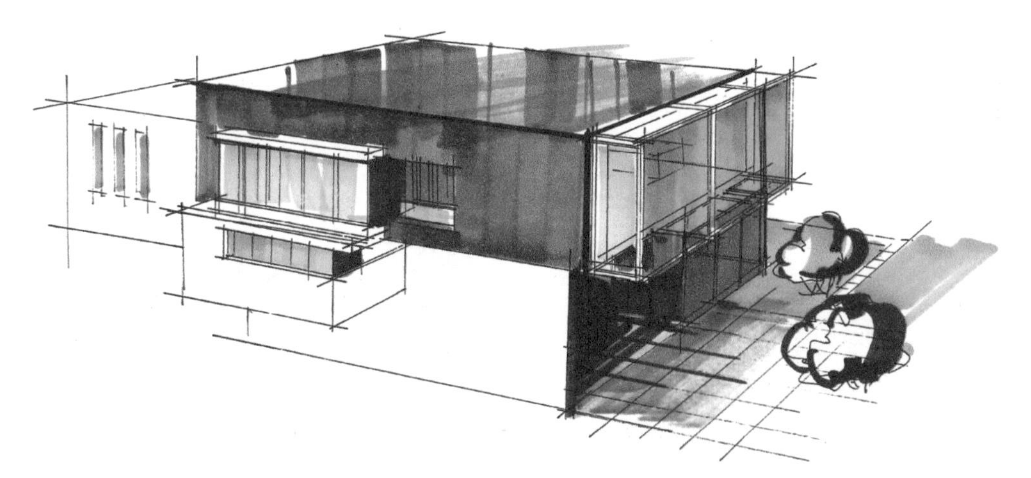

步骤二：刻画出形体的固有色，包括玻璃、建筑体块的色彩。

步骤三：刻画周围的环境与玻璃的反光，玻璃、投影是重点。以黑色高光笔强调空间结构。

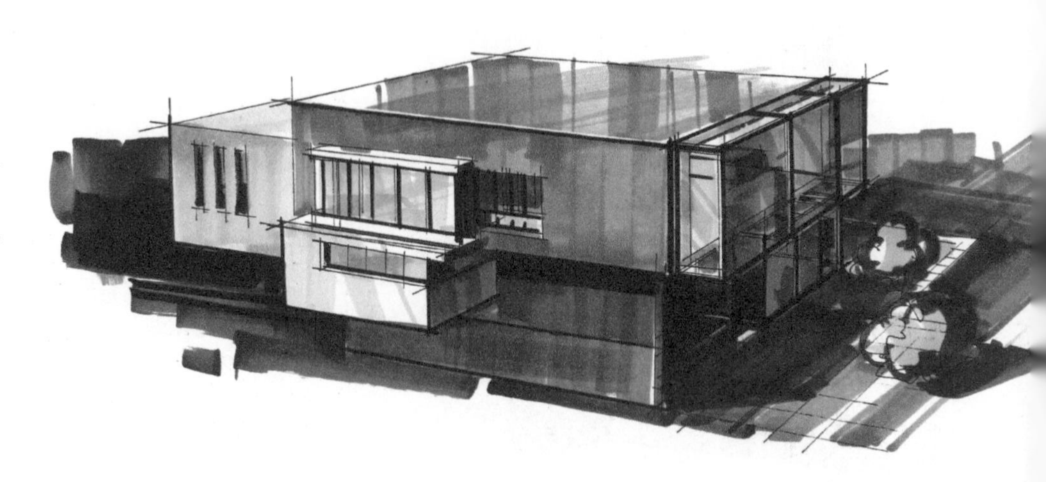

范例1：玻璃楼梯

步骤一：画出玻璃楼梯的整体结构，线条要求流畅准确。注意：徒手表现是比较辛苦的表现方式，在初学阶段要画很多遍才能画好。

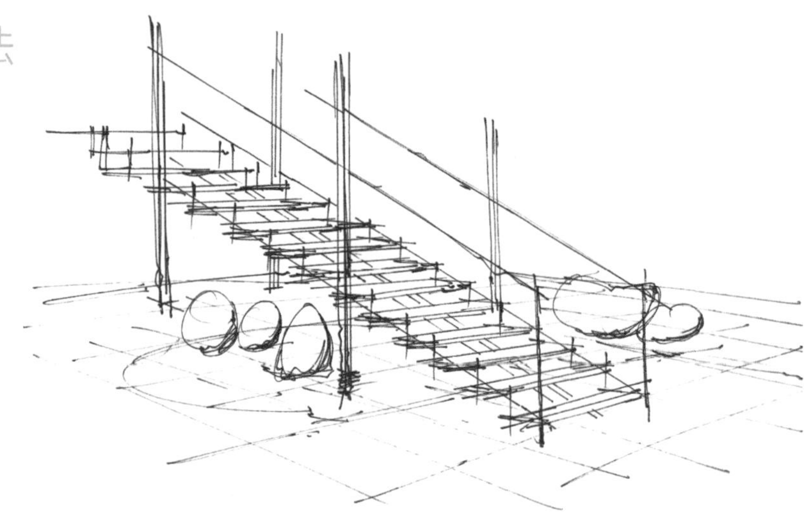

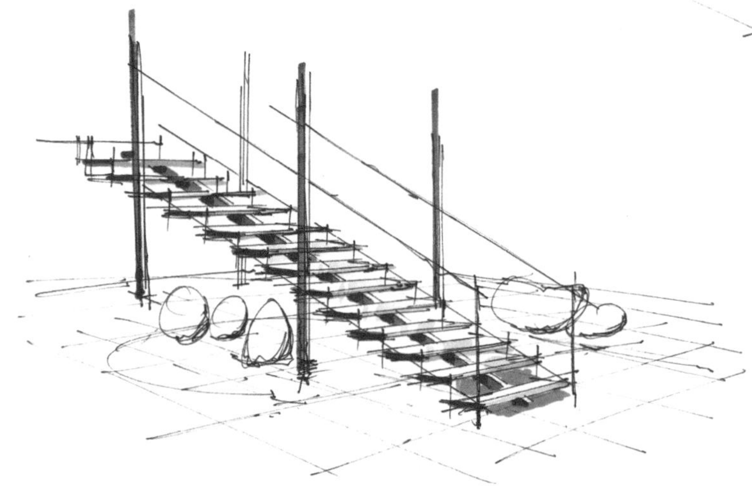

步骤二：用蓝灰色马克笔表现金属立柱的暗面，用暖灰色马克笔表现台阶的暗面。

步骤三：用浅蓝色马克笔纵向排笔画玻璃扶手的颜色，注意排笔时笔触的疏密变化。用蓝灰色马克笔表现冷色调的地面。

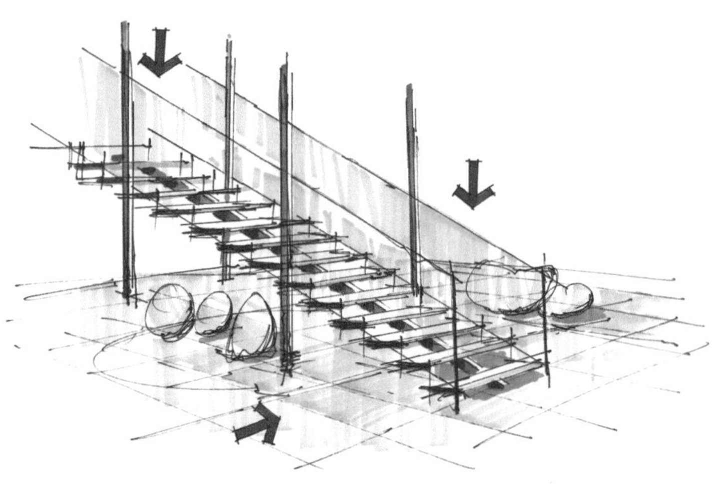

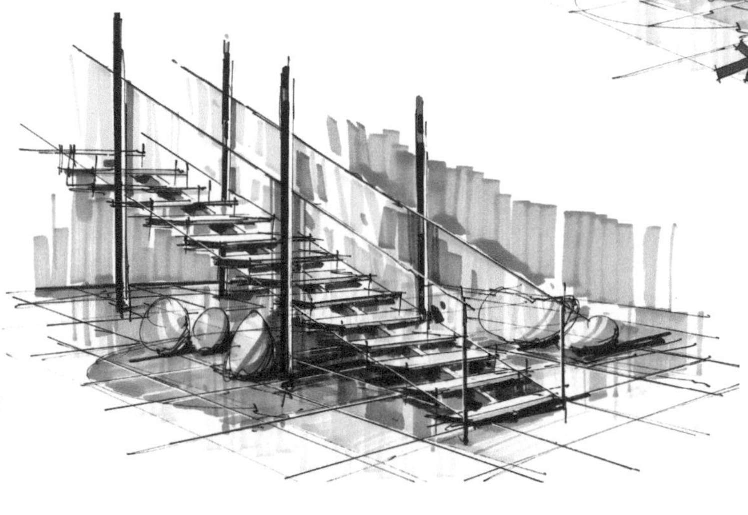

步骤四：表现楼梯周围的环境色，用暖灰色马克笔表现楼梯踏步的亮面，用深暖灰色马克笔表现背景墙面色。用黑色马克笔刻画楼梯的投影部分。

范例2：铁制楼梯

步骤一：用针管笔表现楼梯的基本结构关系。线条清晰，结构明确。

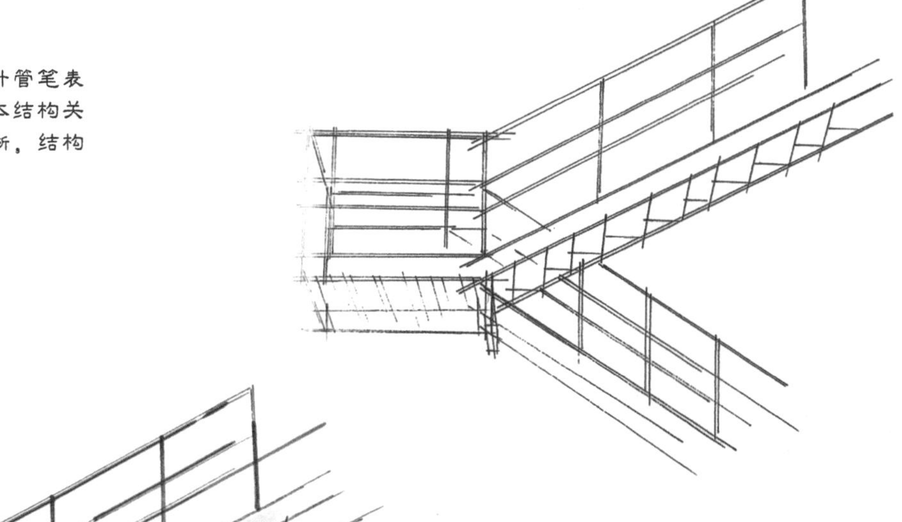

步骤二：用冷灰色马克笔表现金属的楼梯，亮面与暗面要分开。

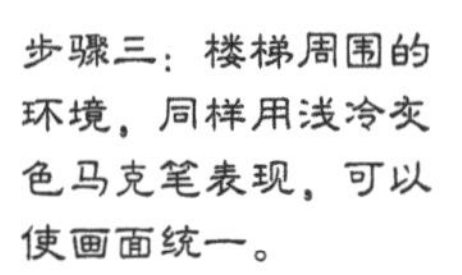

步骤三：楼梯周围的环境，同样用浅冷灰色马克笔表现，可以使画面统一。

步骤四：用深冷灰色马克笔强调楼梯的暗部结构，以突出空间效果。

范例3：铁制旋转楼梯

步骤一：铅笔起稿，墨线勾画旋转楼梯的结构，重点是透视变化。

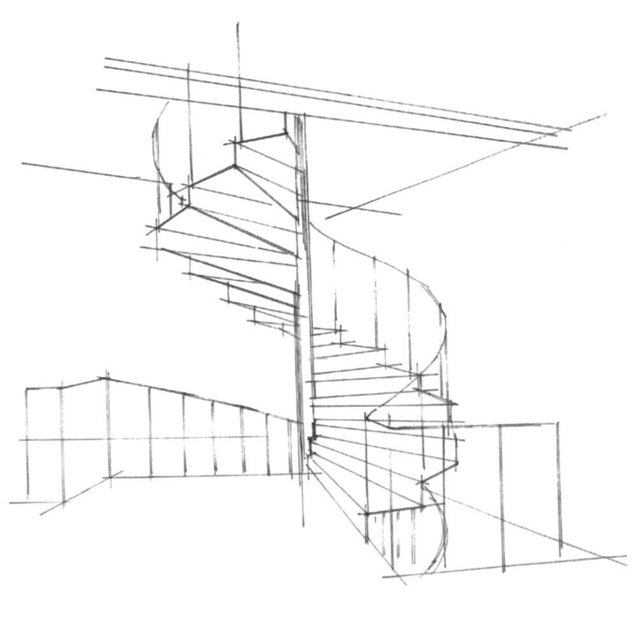

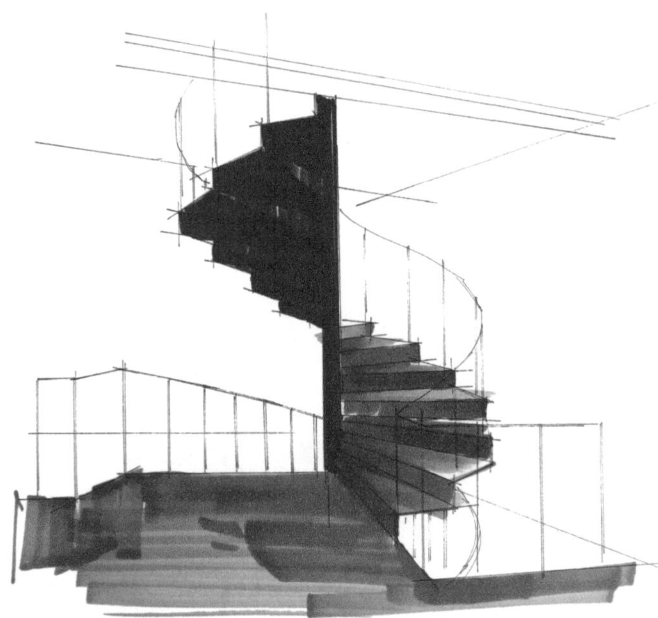

步骤二：楼梯的亮面与暗面用同色系、不同明度的色彩表现。亮面踏步也要有深浅的变化。

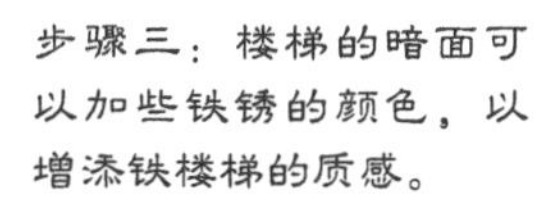

步骤三：楼梯的暗面可以加些铁锈的颜色，以增添铁楼梯的质感。

范例4：木制旋转楼梯

步骤一：徒手画旋转楼梯，注意整体比例、结构、透视。

步骤二：以红灰色马克笔表现楼梯的基本色彩，再以深红色马克笔刻画楼梯的暗面。

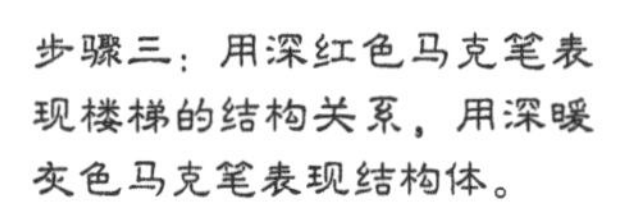

步骤三：用深红色马克笔表现楼梯的结构关系，用深暖灰色马克笔表现结构体。

步骤四：用黑色马克笔表现楼梯的暗部和结构衔接处；地面则用暖灰色马克笔来表现，这样的整体配色更能增加空间效果。

范例：玻璃栏杆

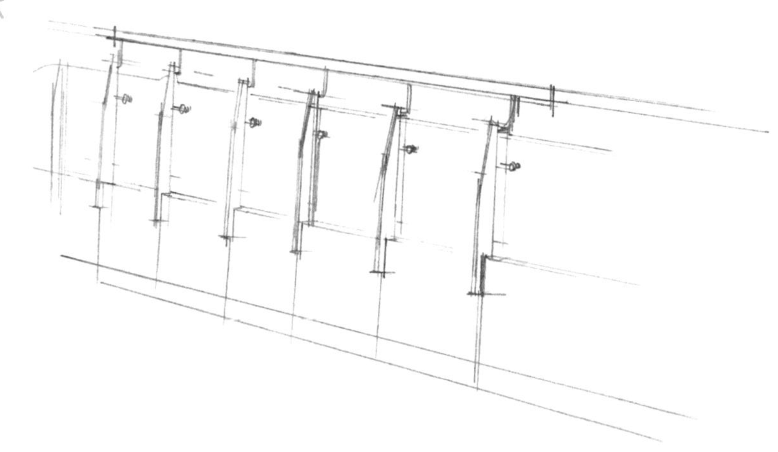

步骤一：用铅笔起稿，画出栏杆的基本结构。

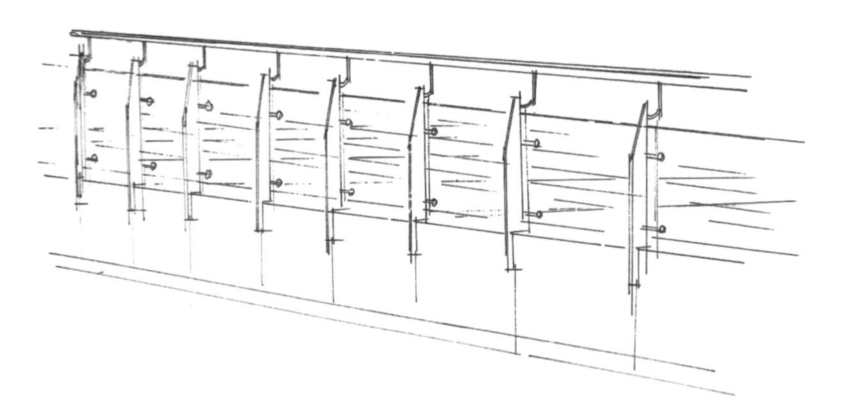

步骤二：用针管笔确定扶手和挡板的结构。

步骤三：以浅蓝色马克笔表现挡板位置的玻璃材质，色彩要由远到近地逐渐变浅。运笔以随形排笔为主。

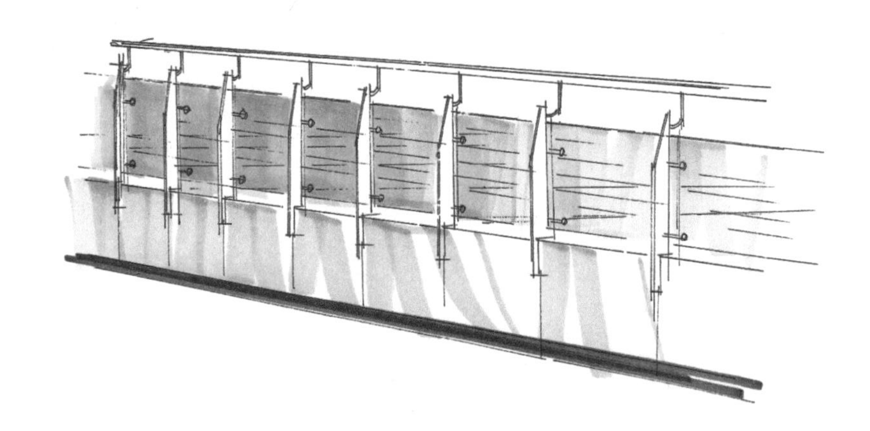

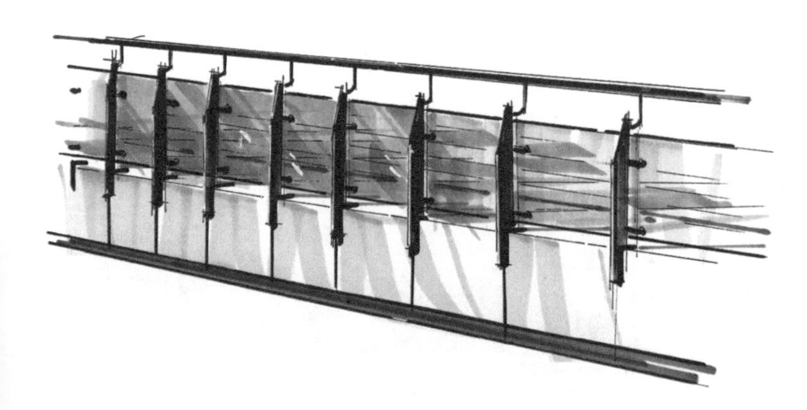

步骤四：用深蓝色马克笔以斜画线方式表现玻璃的光感，同时玻璃后面的地面也要刻画出来，最后用黑色高光笔强调扶手的结构。

范例：现代风格连廊

步骤一：完成主体墨线稿（线与线的交叉要出“线头”，这样形体有延伸的效果）。

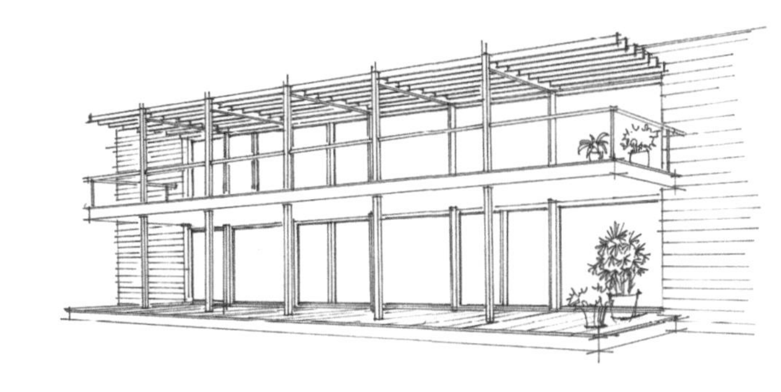

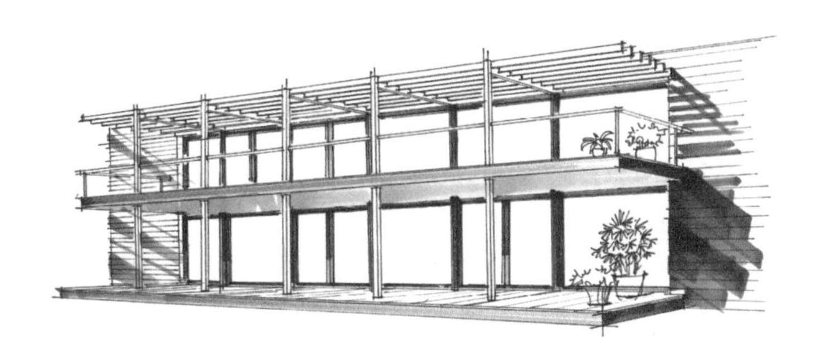

步骤二：以木质色马克笔表现木质门窗，亮面的木质则用浅黄色马克笔表现。墙面的光影与投影可用暖灰色马克笔表现。

步骤三：以深蓝色马克笔画投影下的玻璃，以浅蓝色马克笔表现亮面玻璃的基本色彩。连廊的顶棚则用暖灰色马克笔来表现。

步骤四：用蓝灰色马克笔刻画投在玻璃上的阴影部分，连廊顶棚用浅暖灰马克笔画出笔触，这样使建筑物看起来更有质感。

步骤五：用黑色马克笔表现玻璃的反光，用浅绿色马克笔表现草地，丰富天空色彩（天空色彩可以画成蓝色也可以画成蓝紫色）。

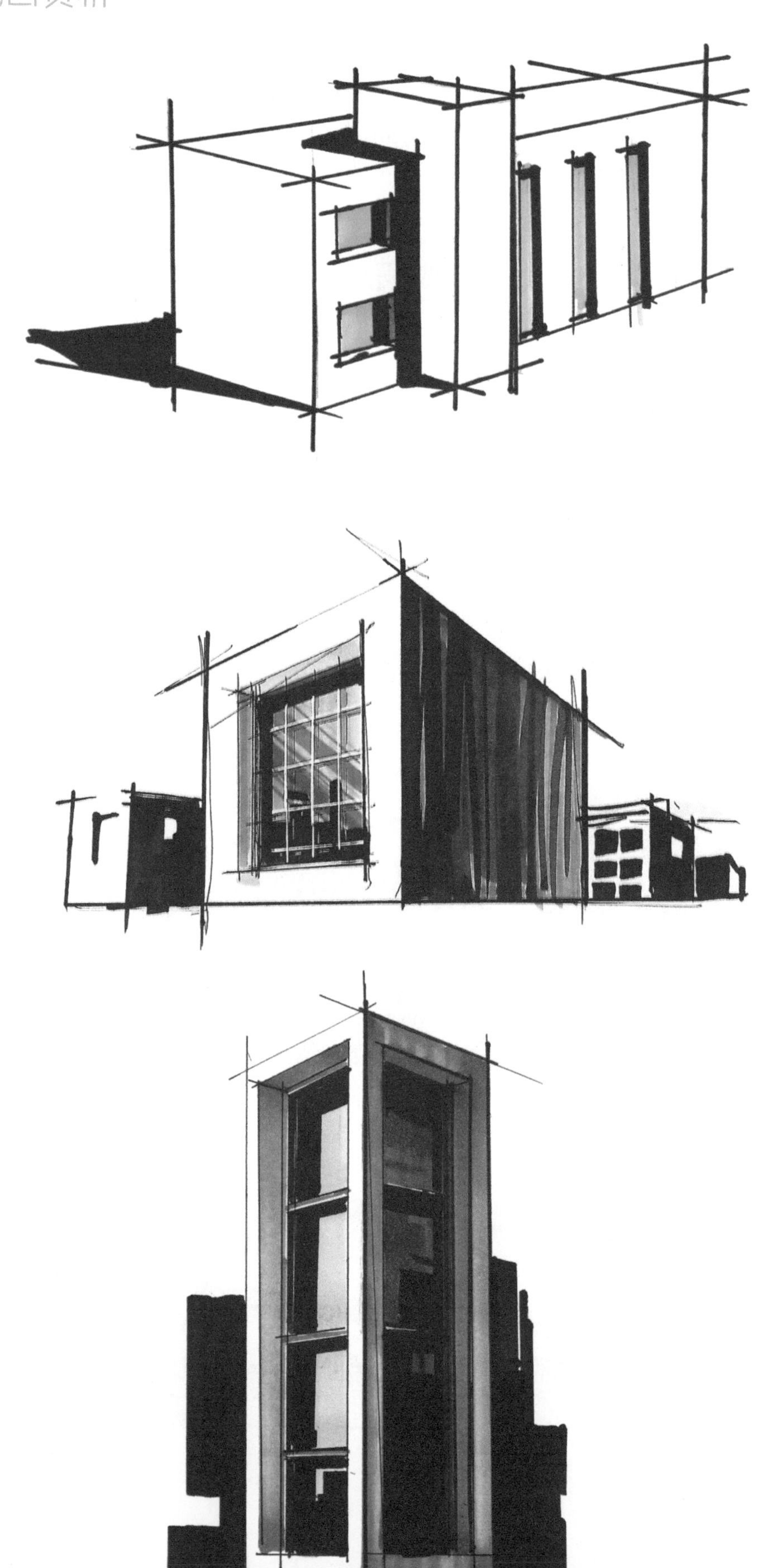

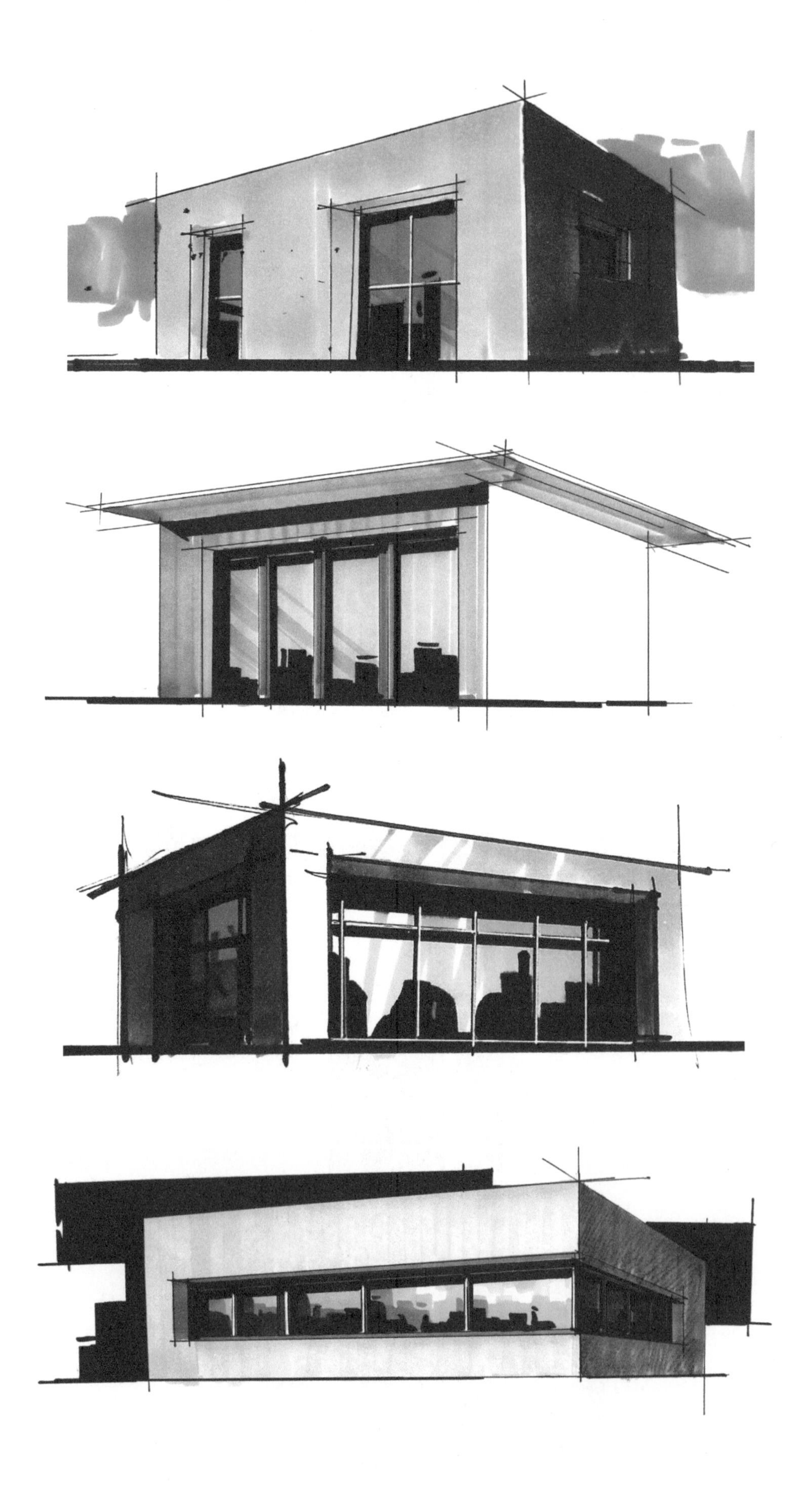

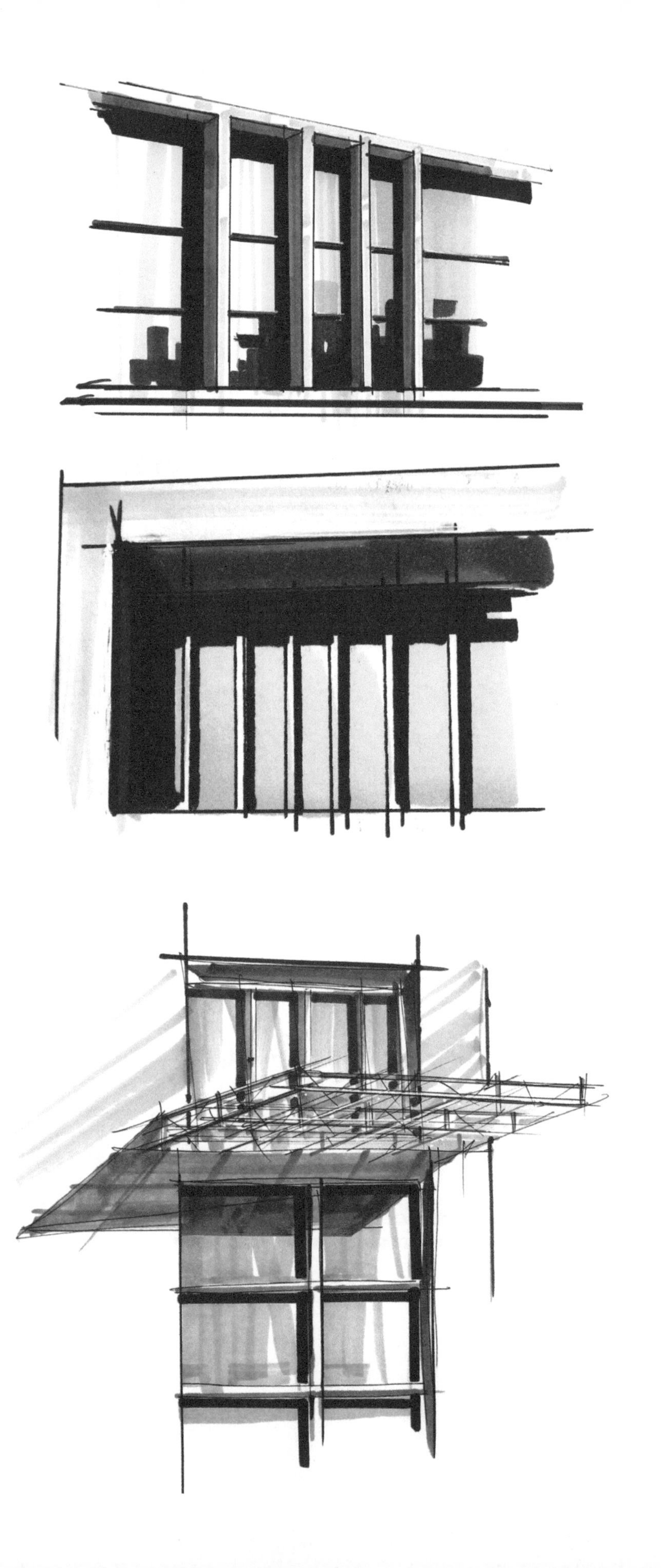

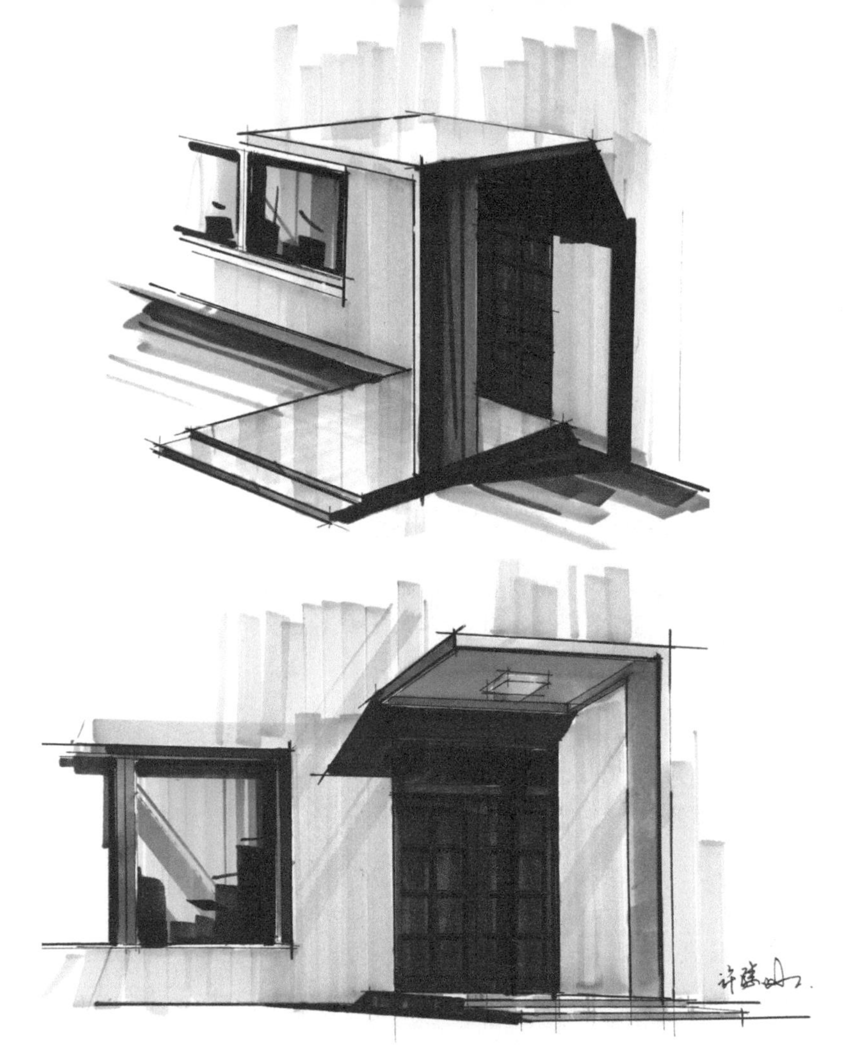

第5章

建筑空间效果图表现技法

5.1 草图表达

5.1.1 速写草图对建筑形态的积累

速写是提高造型能力的基础手段。练习速写的目的是用最短的时间、精练的线条、概括的表现方法，绘制出观察到的建筑物。在画每一笔时都要思考透视、比例、结构的正确与否。

练习速写不但能提高手绘的表现能力，更能提高观察力和整体画面控制力。

速写建筑，注重整体效果，线条流畅。

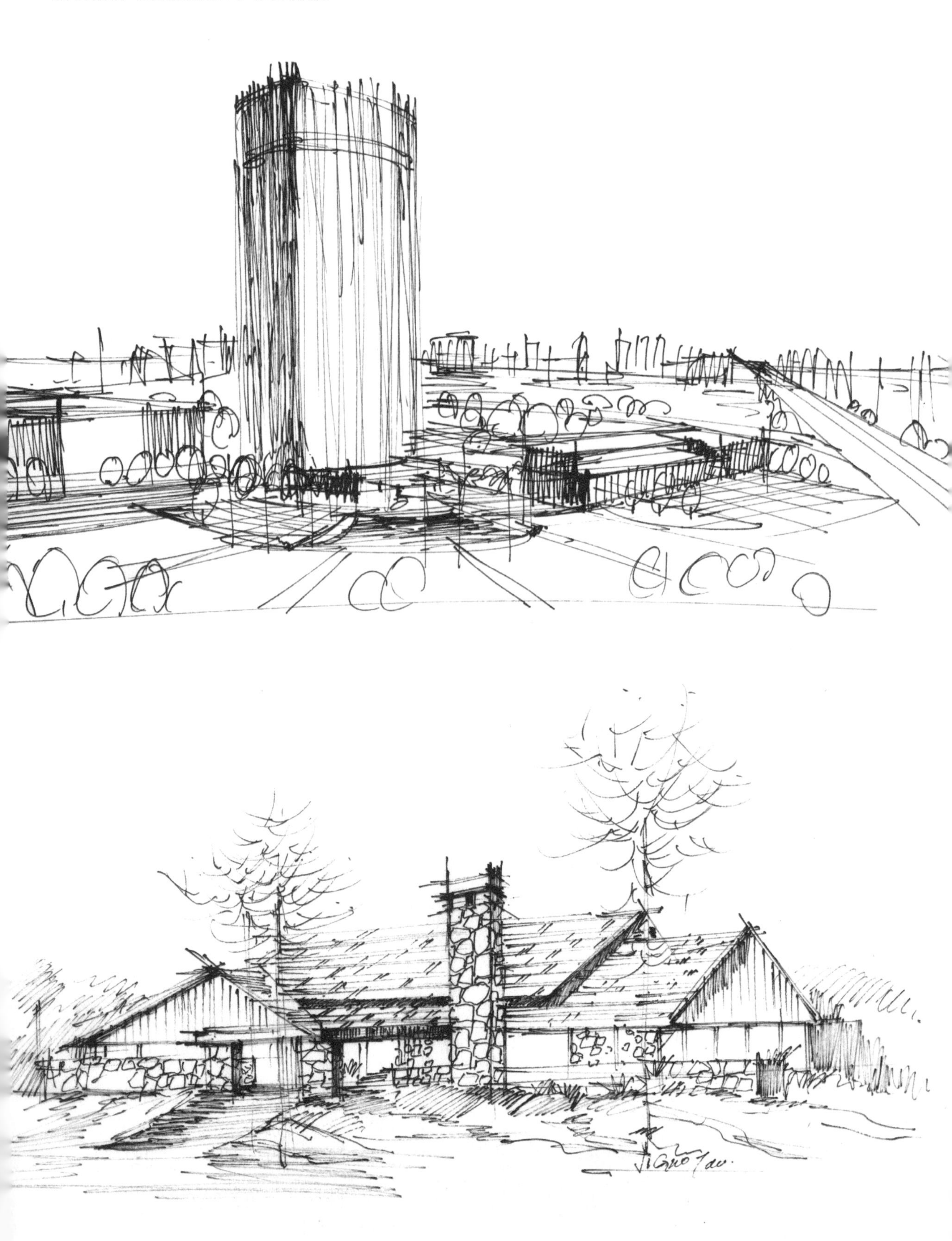

范例：别墅速写

步骤一：可以用铅笔描制建筑物的底稿。铅笔底稿易修改，可以提高初学者的画图信心。

步骤二：用墨线笔画建筑速写图，要谨慎下笔，同时注意形体、透视、比例等。

步骤三：准确地把握形体比例、透视后，可以直接进入绘制正图阶段。练习速写的过程就是对建筑形体、结构深入研究的过程。

步骤四：对线稿着色，这时可以视画面混合采用色粉笔、马克笔、彩铅笔等工具着色。

5.1.2 体块穿插与快速表达

在画速写稿阶段首先要学会“胆大”，尤其是在练习阶段更要胆大地表现自己的设计构想。

画图时同学说的最多的就是怕“画坏”。其实，绘图根本就不存在“画坏”的问题，“画坏”只是一种恐惧心理。所谓“画坏”就是透视、比例、结构不准确，放松心态，注意在画图过程的前期、中期、后期都时时刻刻想着、看着、测量着（用尺子量透视、灭点），这样就可以解决“画坏”的问题了。

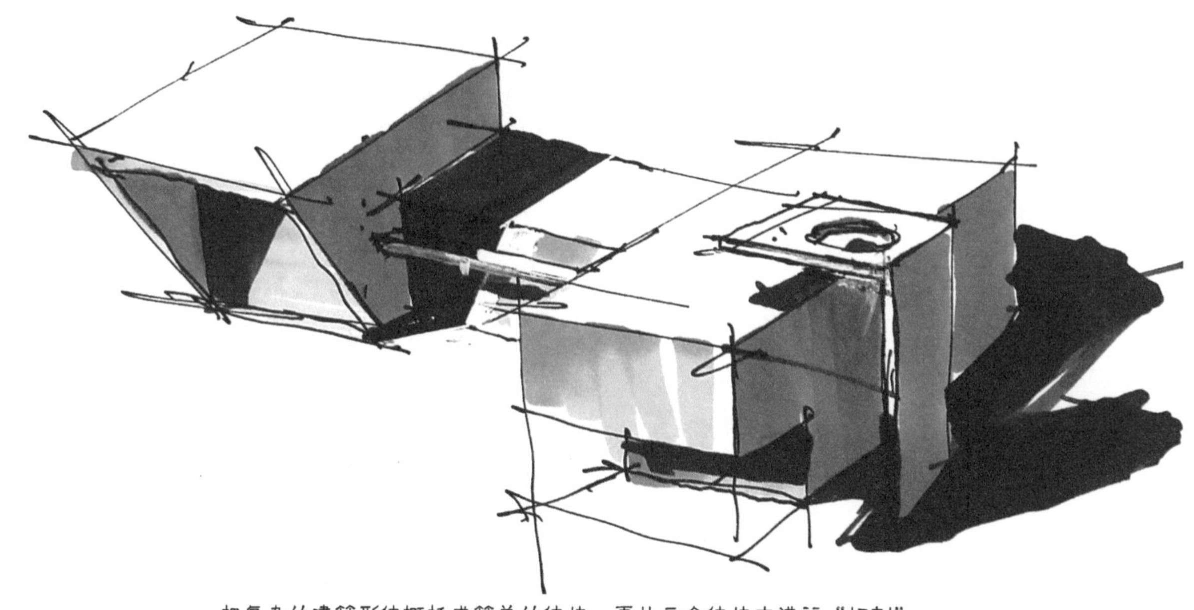

把复杂的建筑形体概括成简单的体块，再从三个体块中进行“切割”

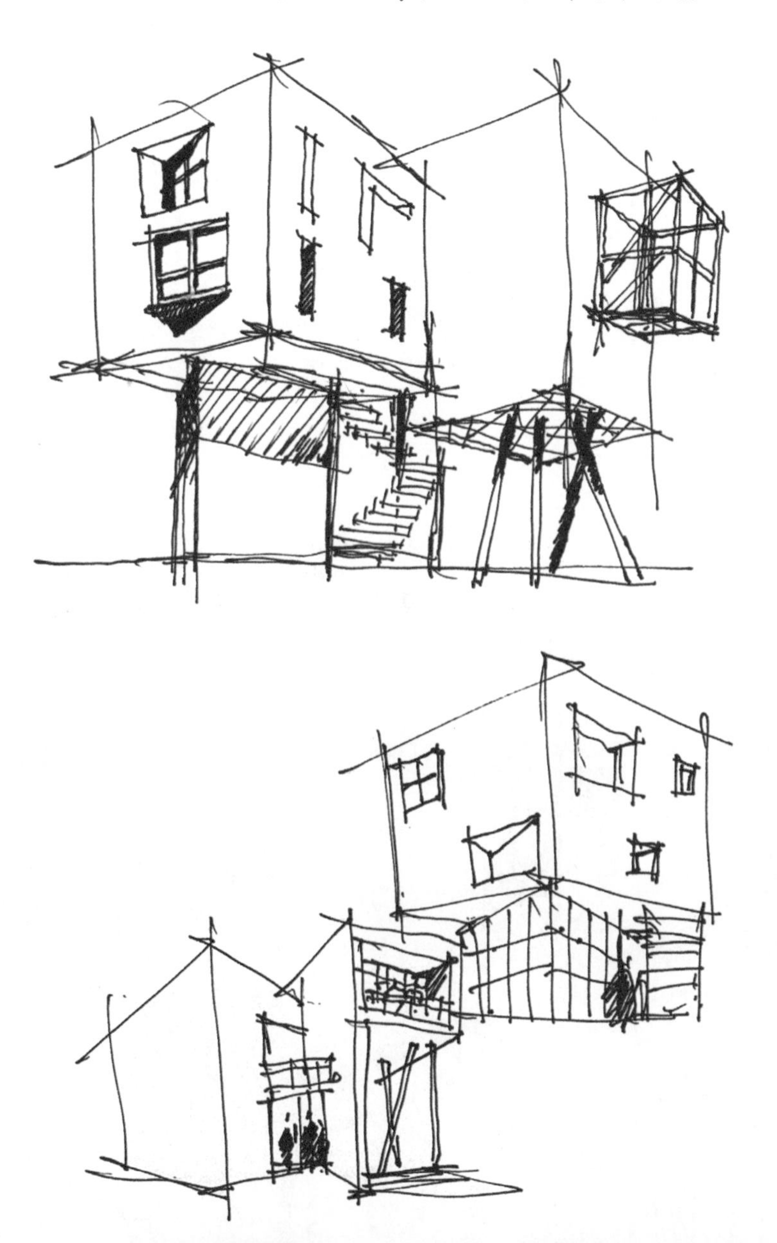

5.2 建筑立面表现技法

5.2.1 立面分析与表现

画建筑立面时首先了解建筑形体的结构穿插，整体思考多视角分析。这样较容易把形体空间表现得完整而具体。

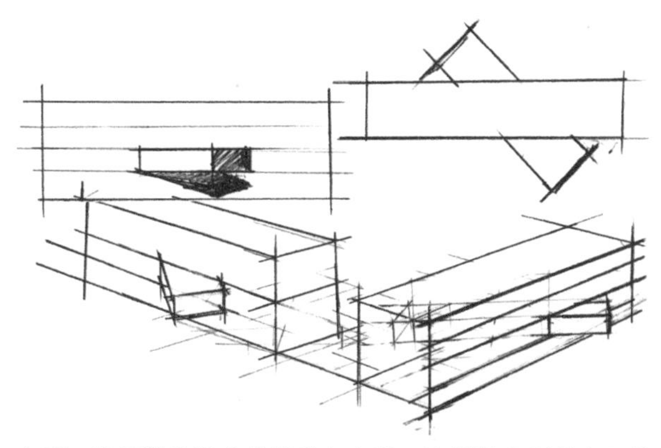

平面、立面、透视等多视角的思考与表现，这样更有利于立面的表现

画立面图时注意分析透视图的效果，注意建筑体块的前后穿插关系。

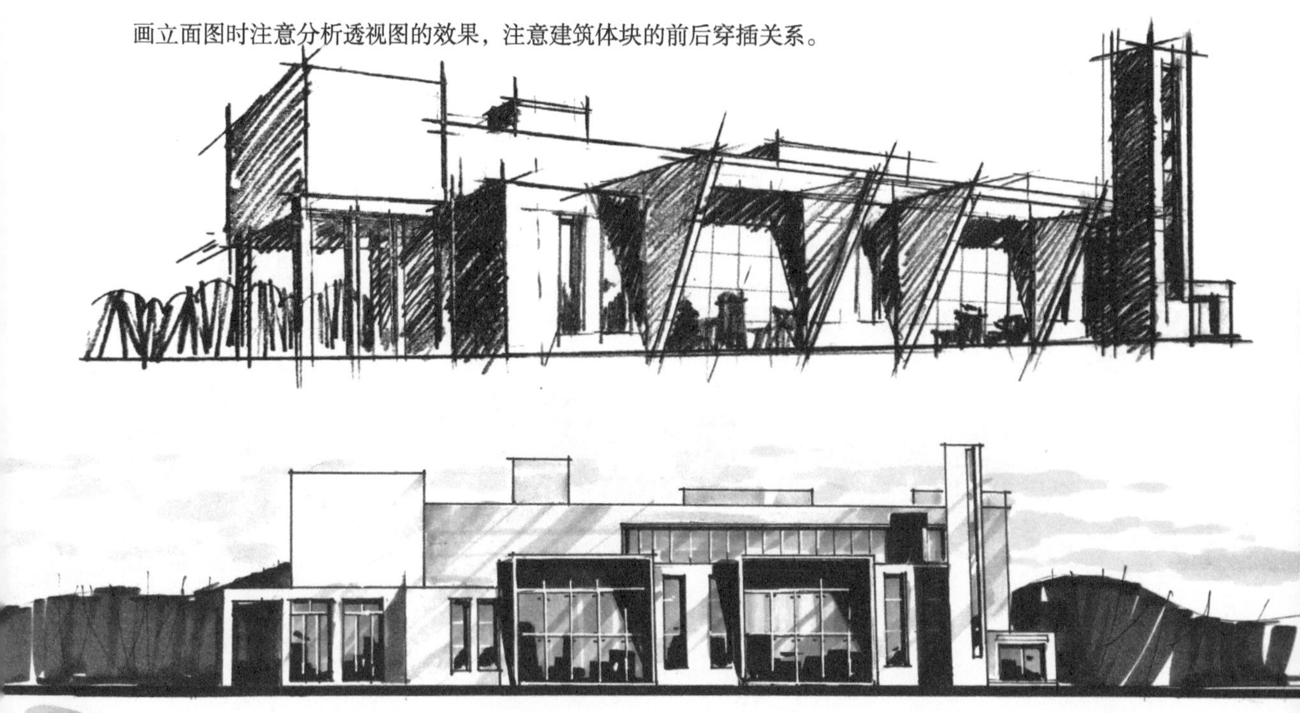

在画建筑立面时要分析建筑形体的前后穿插关系，可以画些建筑空间小稿。

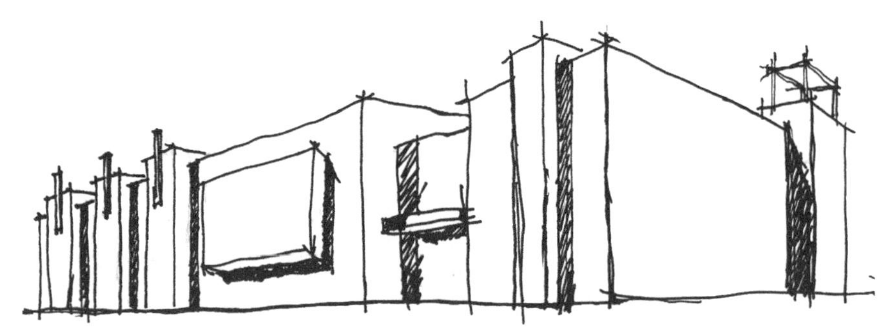

画出分析后的建筑小稿，保证建筑形体正确

在画形体投影关系时，可以注意以下的形体结构在俯视、仰视的透视空间投影变化。

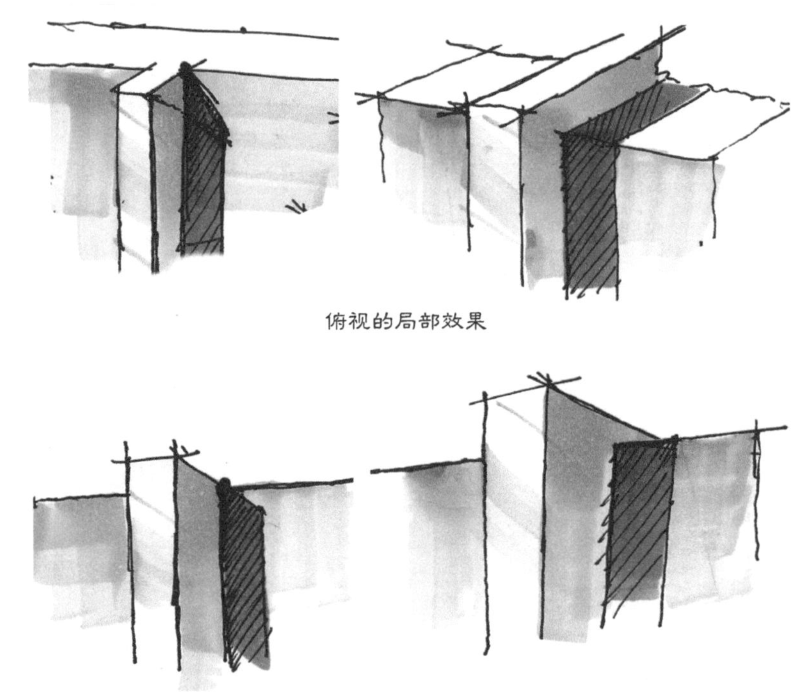

俯视的局部效果

仰视的局部效果

通过上面的形体空间分析后，就可以准确地画出立面的空间位置、形体穿插的结构关系。

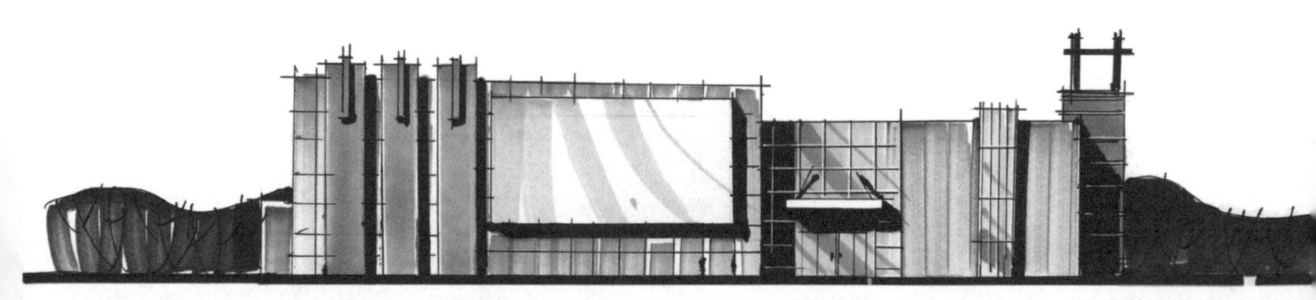

形体立面投影的位置、长短，能准确地反映出建筑形体的空间、位置、结构关系。下面这两幅图分别表示不同的空间位置。

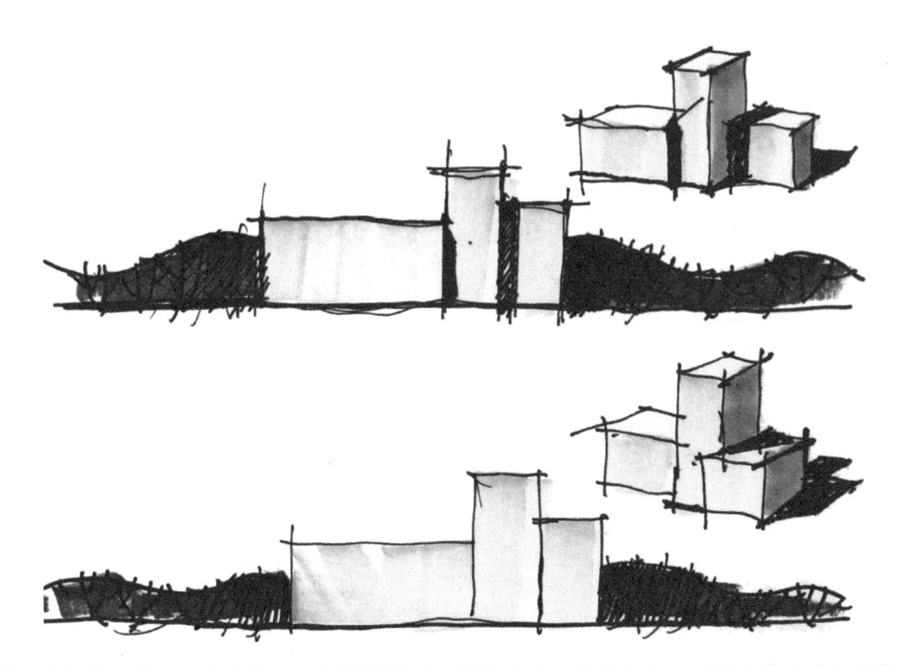

这两幅图的光线是从同一方向照射，而投影位置的不同也准确地反映出建筑形体的前后穿插关系的不同

对建筑透视图进行分析后，可以得出较为正确的建筑立面效果。

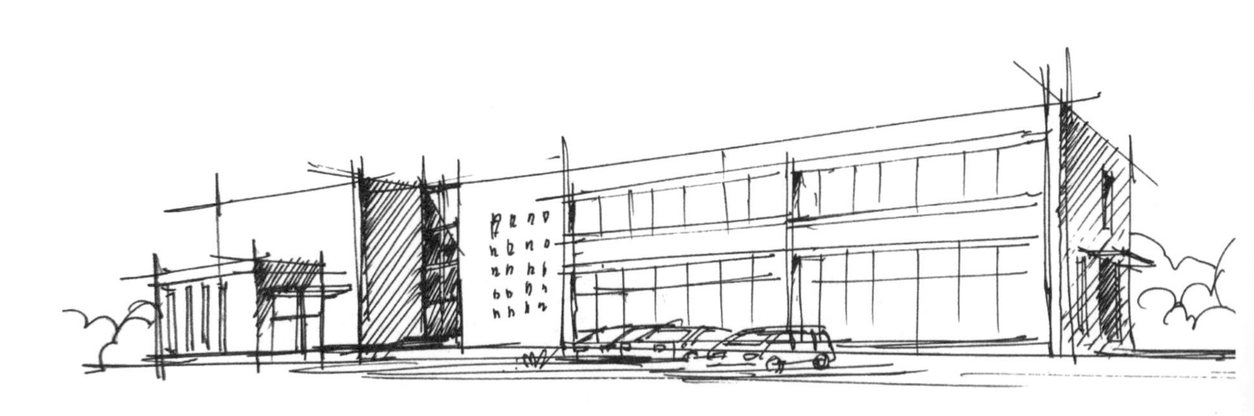

分析透视图能清晰地看出立面的效果

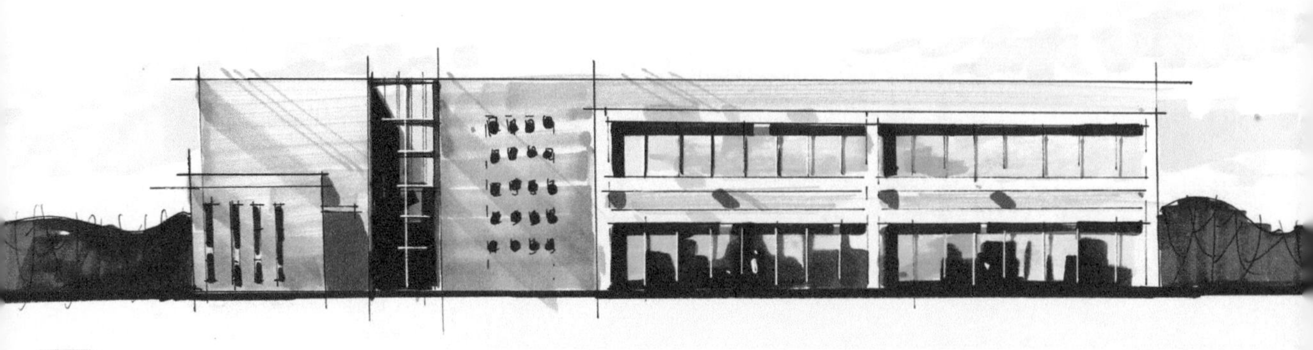

建筑立面与背景的关系，是主次关系，也是明暗对比关系，还是冷暖对比关系。
立面图背景多采用矮些、暗些的植物作为背景，起到陪衬的作用，以突出主立面的空间。

立面图线稿要做到形体、比例正确，准确反映形体结构特征。

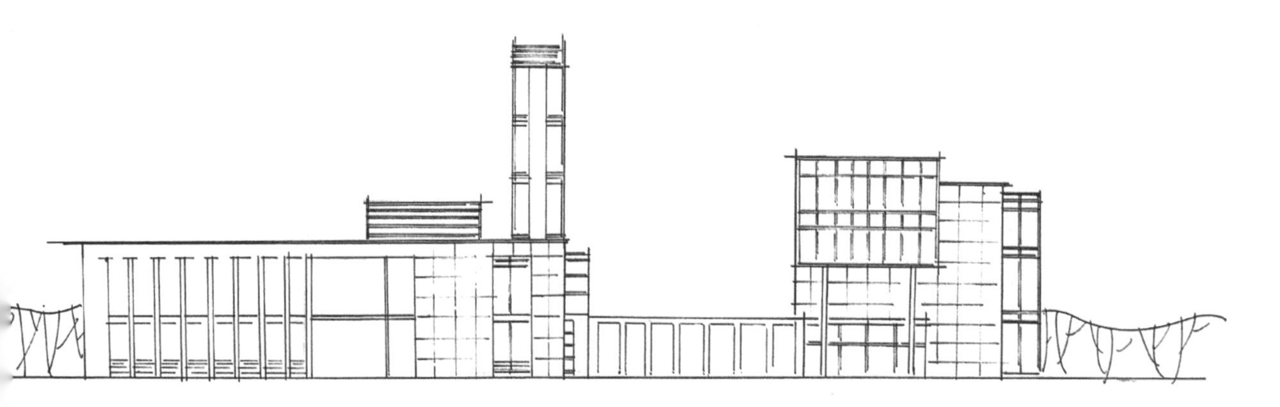

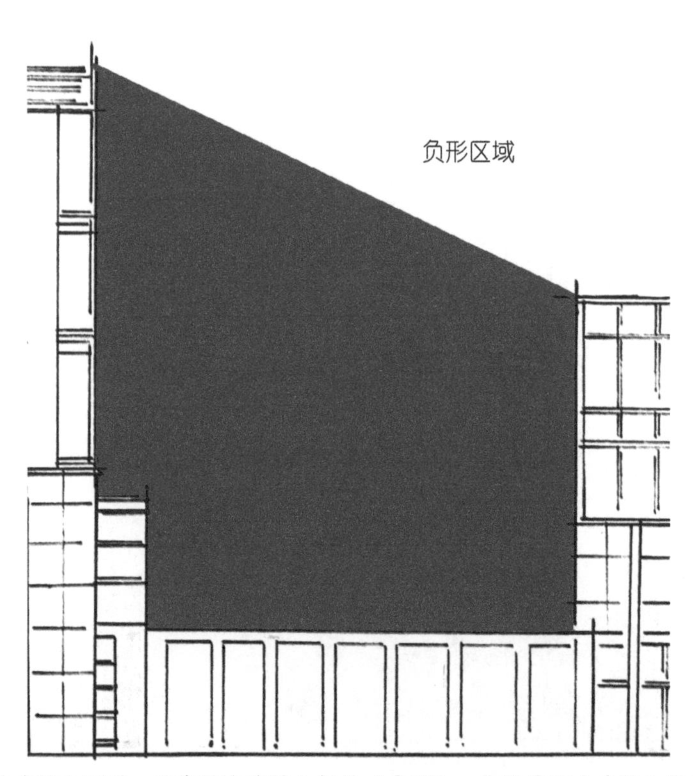

表现分体建筑立面时，观察两个建筑之间的“负形”，有助于画准建筑之间的空隙

立面图着色时注意色调的统一、对比，主体建筑物色调统一协调，却与背景形成明暗、色彩冷暖的对比关系。

5.2.2 建筑平面

总平面图所表现的是建筑与基地地形图的关系，以及建筑与周边地形的关系。

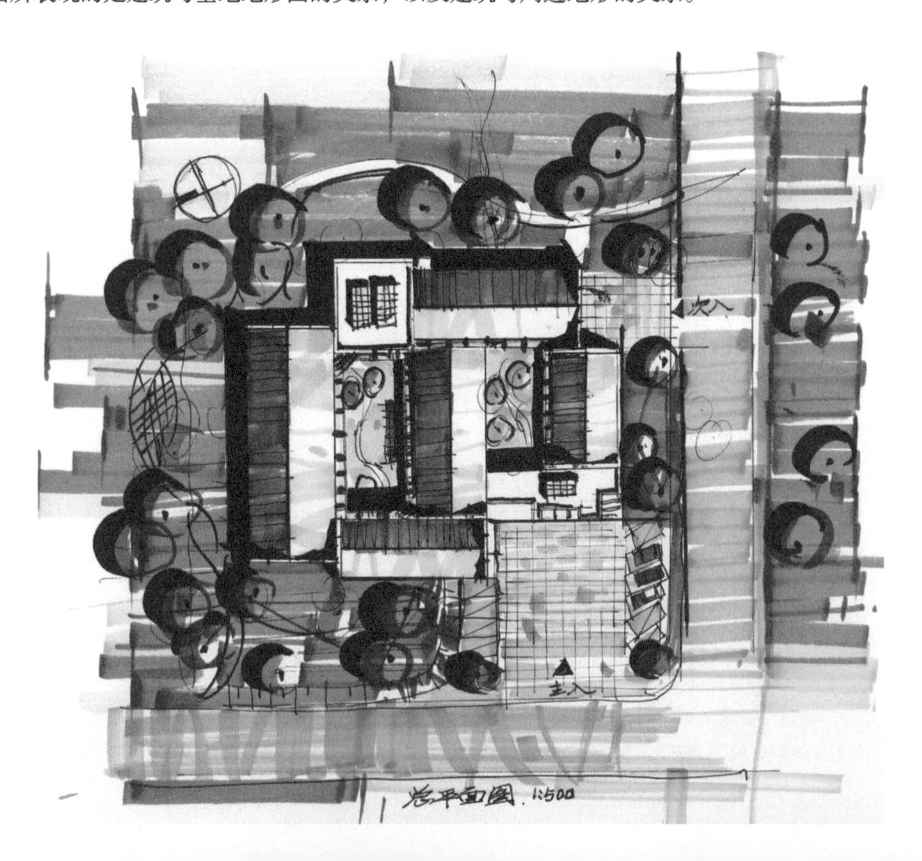

简单的处理手法。绿色横运笔，用黑色画乔木投影。

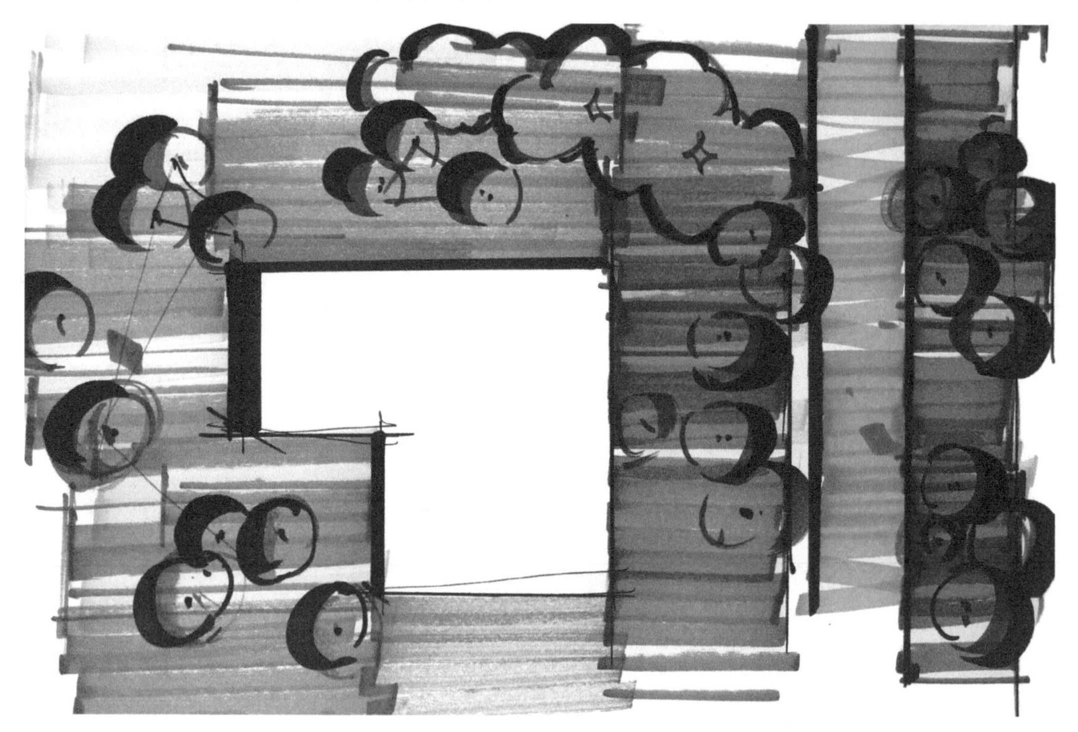

5.3 建筑空间图表现

效果图表现是设计方案的一个重要环节，主要反映建筑内部功能与外立面的结构穿插关系。

5.3.1 校园建筑表现

范例1：图书馆

步骤一：线稿要保证建筑形体正确，包括透视、比例、结构、形体穿插与光影的明暗关系等。

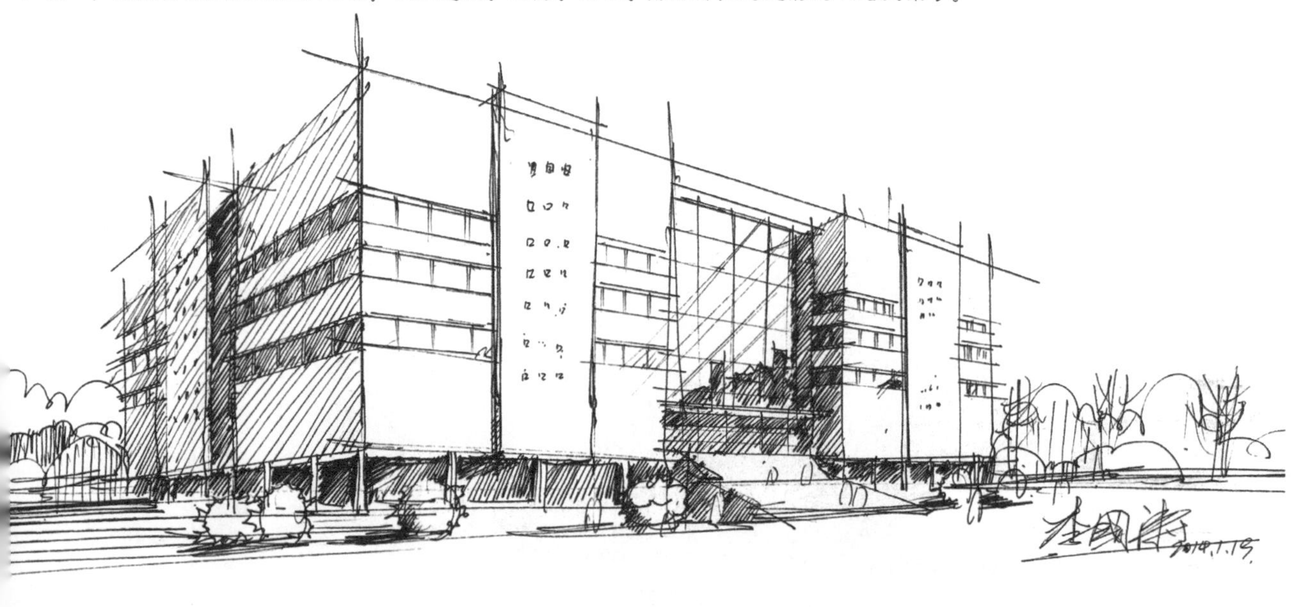

步骤二：表现建筑的整体明暗关系。建筑物亮面的色彩渐变、“光感”，关键是笔触的编排。面对琐碎的墙面，要用整体的表现方式来表现，千万不能把墙体画“碎”。

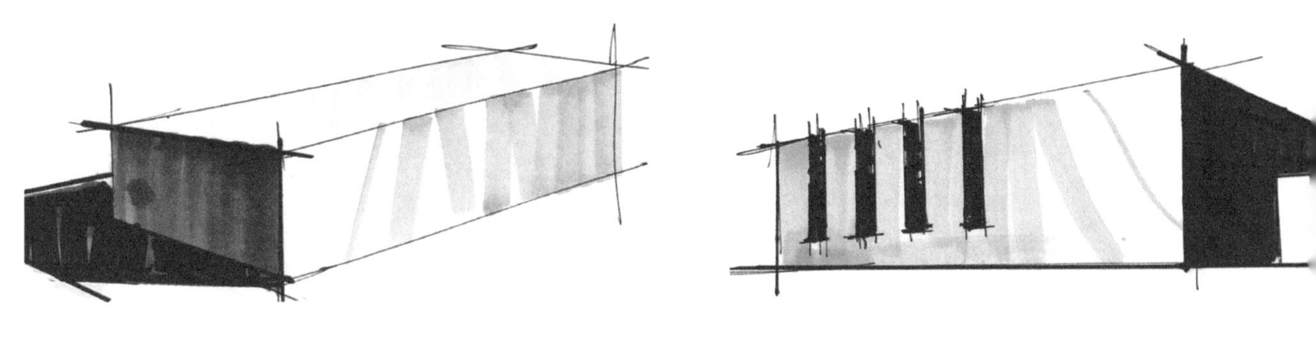

应该整体思考、整体表现形式结构关系

步骤三：画玻璃。表现时同样要整体思考、整体表现。画室外玻璃时光感是其表现重点，玻璃底部的反光更能体现玻璃的质感。玻璃反射的色彩与形状由周围环境所决定。

室外的玻璃如同一面巨大的镜子一样

步骤四：为配景添加上色彩，建筑两边的植物要整体观察、整体表现。遵循色彩的近暖、远冷的基本原则就可以，笔触简单概括。

掌握近暖、远冷的色彩基本知识，就能知道色彩应放在什么位置。

步骤五：最后是调整阶段，渲染画面色彩（采用蓝色和紫色马克笔“点染”的技法），保持画面上下、左右色彩的协调，最后一次纠正透视、比例、结构是否正确。

范例2：艺术馆

步骤一：要抓住建筑的整体形态特征，建筑形态要敢于适当地夸张。如果建筑高耸就应将立体物画得更加高耸，如果建筑“敦厚”就应画得更加“粗壮”。

步骤二：画面整体色调的铺垫，确定建筑的立体色彩与环境的对比效果。

步骤三：建筑的投影与暗面的明暗关系，投影更黑些。画小面玻璃时可以采用先画蓝色再画开窗深度的画法。

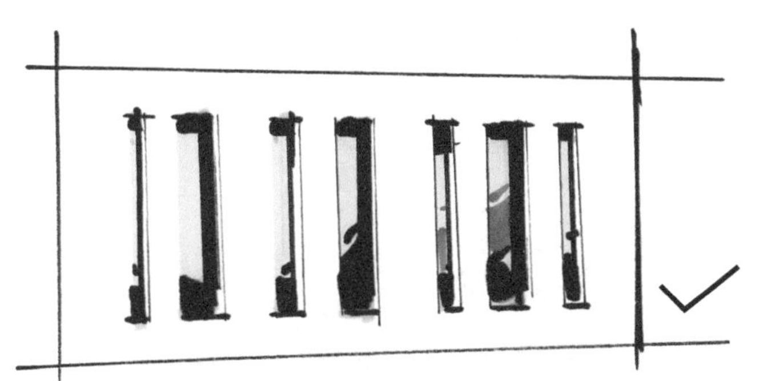

这是玻璃镶嵌在窗洞里的效果，也能反映出窗框的基本结构；同时玻璃也反射了周围环境的效果，这是一种常用的表现手法。

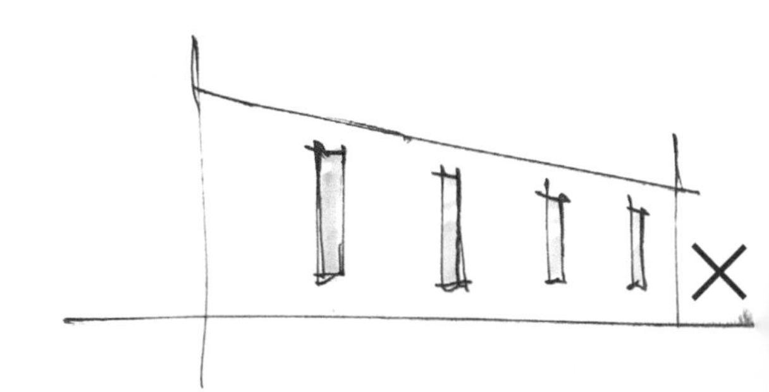

此图只反映出建筑有开窗，但没看到窗框，也没反映出玻璃与窗洞的衔接关系。初学者常常忽略窗洞与玻璃的空间效果，所以此图是不完整的。

步骤四：最后用深色、黑色马克笔刻画建筑的投影与玻璃细节。

范例1: 工作室

步骤一：画出工作室建筑的铅笔草稿，在短时间内尽可能地画得正确。注意构图、比例、结构、透视准确。

步骤二：按照建筑的结构画出窗框、栏杆、步道板和周围配景植物，建筑配景需根据画面整体效果而定。

步骤三：建筑主色调与背景植物色调要统一。建筑主体用暖灰色马克笔表现。前景植物用浅暖绿色马克笔，远景植物则用冷墨绿色马克笔表现。

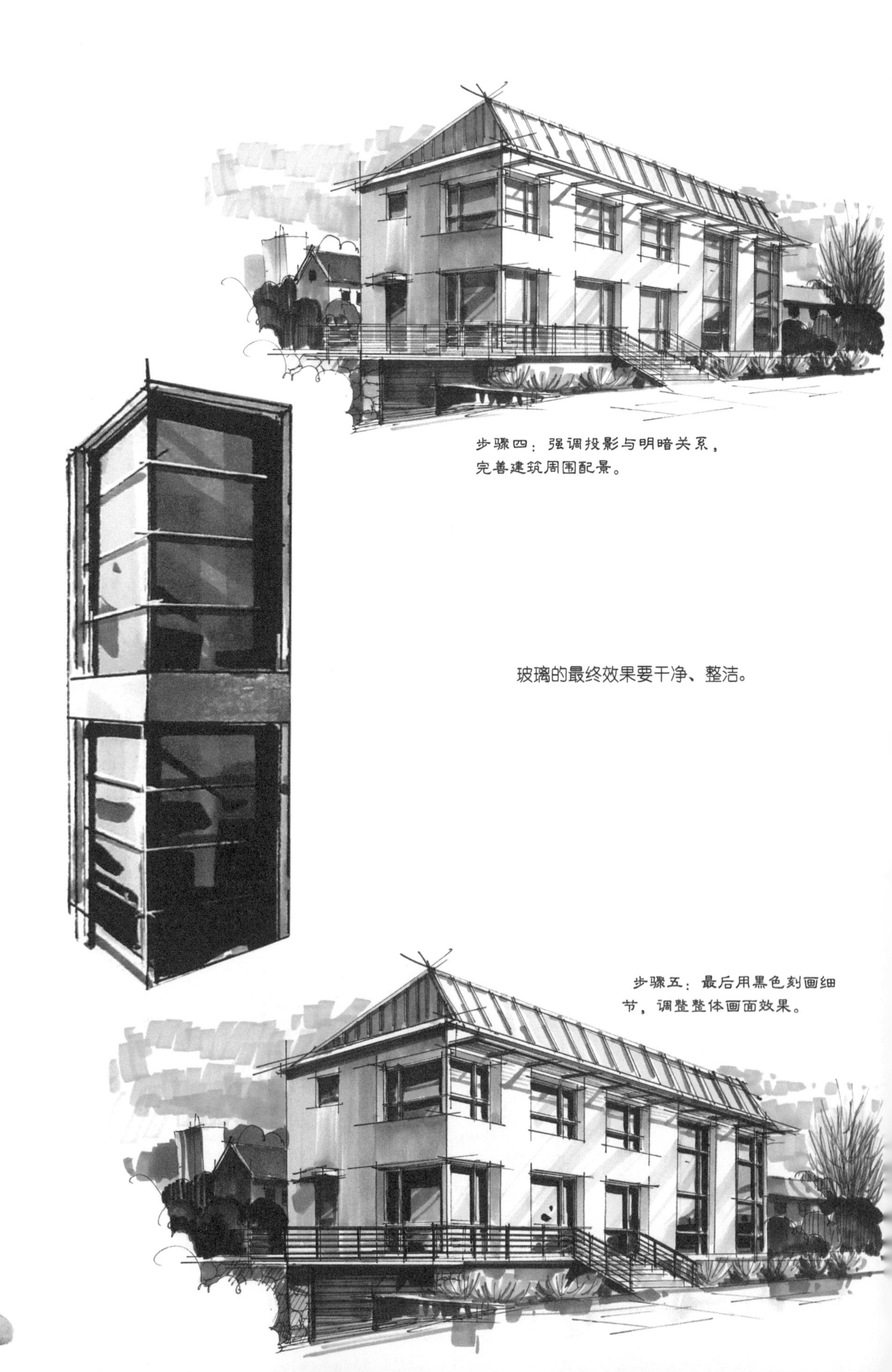

步骤四：强调投影与明暗关系，完善建筑周围配景。

玻璃的最终效果要干净、整洁。

步骤五：最后用黑色刻画细节，调整整体画面效果。

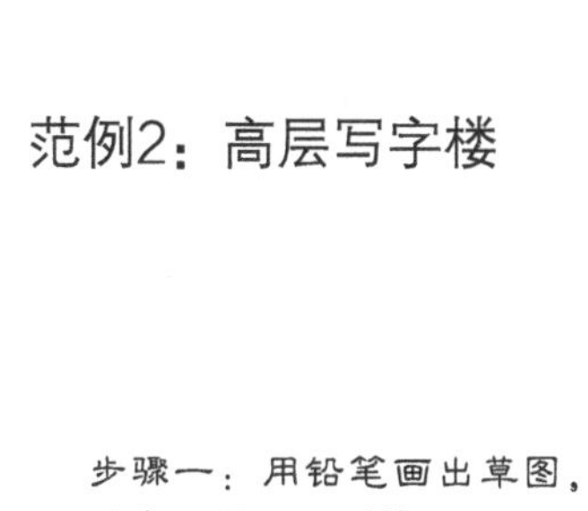

范例2：高层写字楼

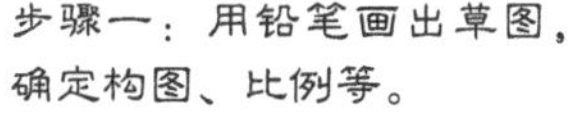

步骤一：用铅笔画出草图，确定构图、比例等。

步骤二：墨线笔画出建筑的整体、局部的结构。

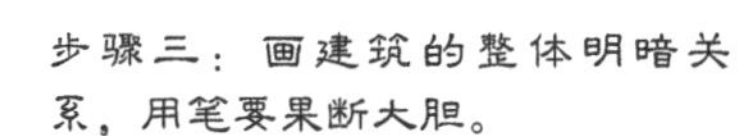

步骤三：画建筑的整体明暗关系，用笔要果断大胆。

步骤四：用浅蓝色马克笔画出亮面玻璃，同时要思考建筑与环境色调的对比与统一。

注重玻璃的辅助表现元素，如玻璃的反光、窗框、玻璃上的高光、表现光感的笔触等。

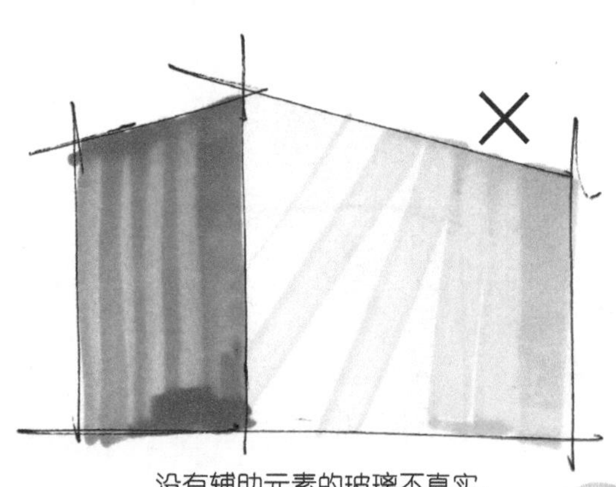

没有辅助元素的玻璃不真实。

步骤五：用带有“紫味”的蓝色马克笔表现天空，使得天空的蓝色与玻璃的蓝色有所区别。

步骤六：最后调整画面色调，完成效果图。

范例3：综合商用大厦

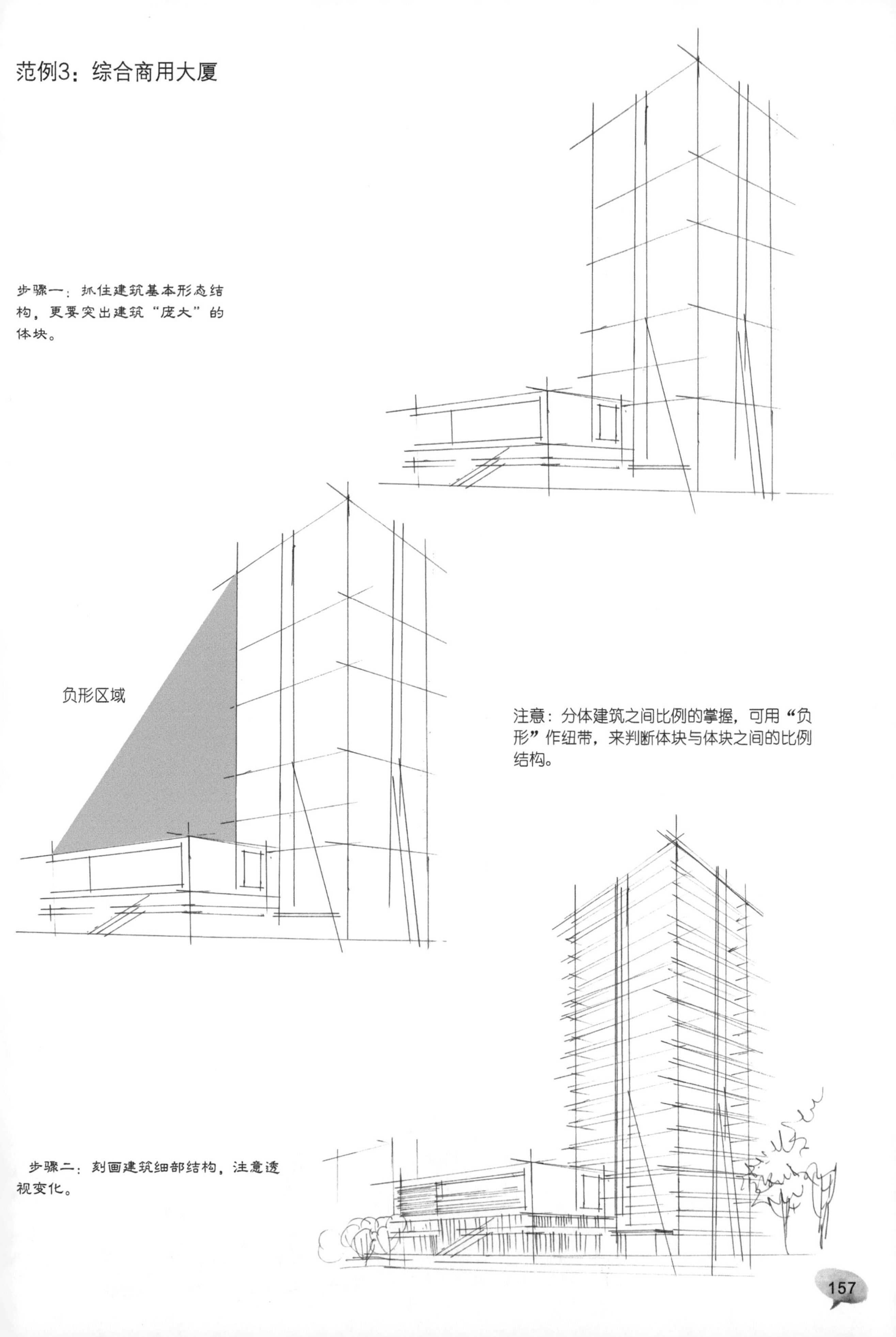

步骤一：抓住建筑基本形态结构，更要突出建筑“庞大”的体块。

注意：分体建筑之间比例的掌握，可用“负形”作纽带，来判断体块与体块之间的比例结构。

步骤二：刻画建筑细部结构，注意透视变化。

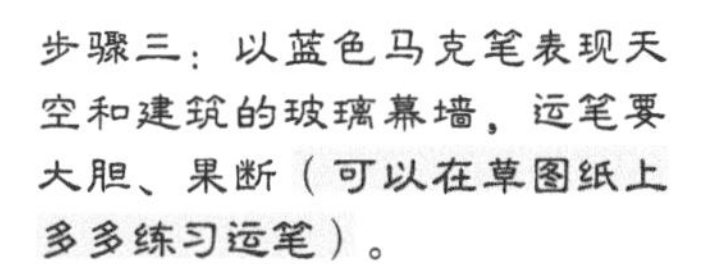

步骤三：以蓝色马克笔表现天空和建筑的玻璃幕墙，运笔要大胆、果断（可以在草图纸上多多练习运笔）。

步骤四：加深建筑暗面，刻画周边植物。

步骤五：最后细致刻画建筑细部，完成整幅图。

范例4：会议中心

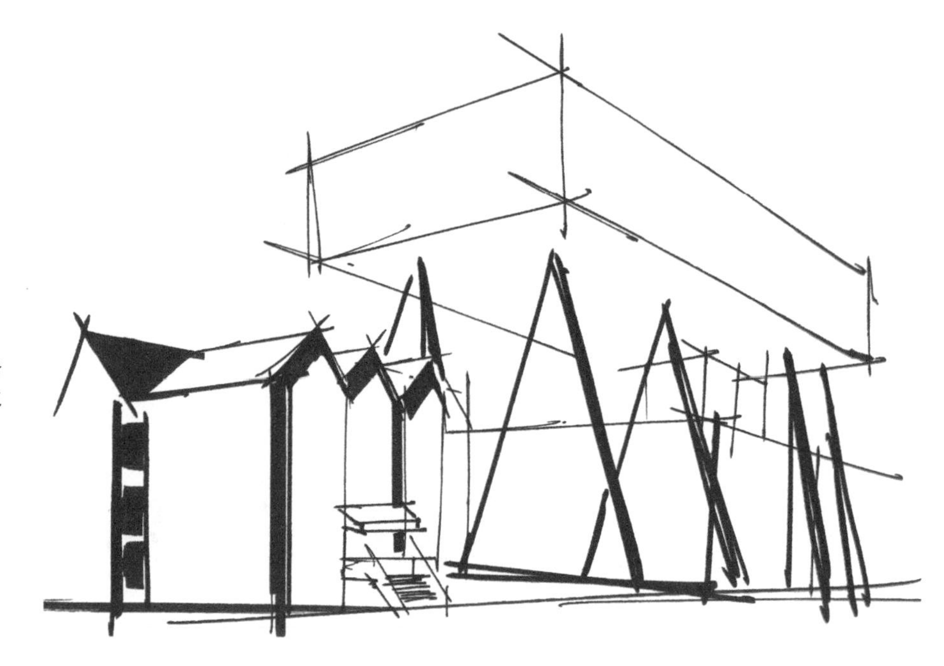

步骤一：用马克笔徒手快速表现，要准确画出建筑的形体结构、透视关系。

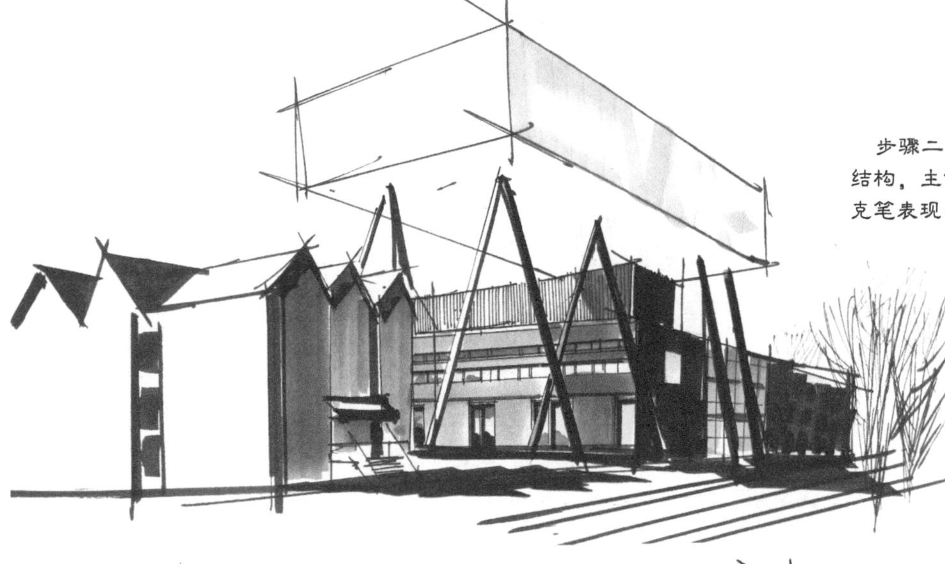

步骤二：画出窗子的具体结构，主体建筑用暖灰色马克笔表现出明暗关系。

步骤三：用赭石色马克笔表现前面这栋建筑的暗面，建筑玻璃则用深蓝色马克笔与浅蓝色马克笔表现。近景植物用暖绿色马克笔刻画，远处植物用冷绿色马克笔刻画。

步骤四：画面明度平衡、色彩统一，主体建筑物的暗面用暖灰色马克笔表现。

天空色彩画得很重，建筑玻璃要反射出环境色彩。

建筑采用素描的方法进行练习。

5.3.3 别墅表现技法

范例1：双拼别墅

步骤一：用暖灰色马克笔表现出建筑的主要明暗关系，面对琐碎的立面同样要整体思考、整体表现。

步骤二：用浅暖绿色马克笔表现近景植物（草本、小灌木），用深冷绿色马克笔表现远景的植物（乔木等），这样符合色彩对比关系。

步骤三：亮面用浅暖灰色马克笔以斜画笔触的方法，表现有光"洒"在墙面上的效果。天空用浅蓝色、深蓝色马克笔画，笔法横向运笔。

范例2：独栋别墅1

步骤一：在画面偏下的三分之一位置画视平线（红色线），再画出建筑物的主要转折线（蓝色线），因为这条线决定建筑的高度和画面的比例，这也是两点透视的分水岭。

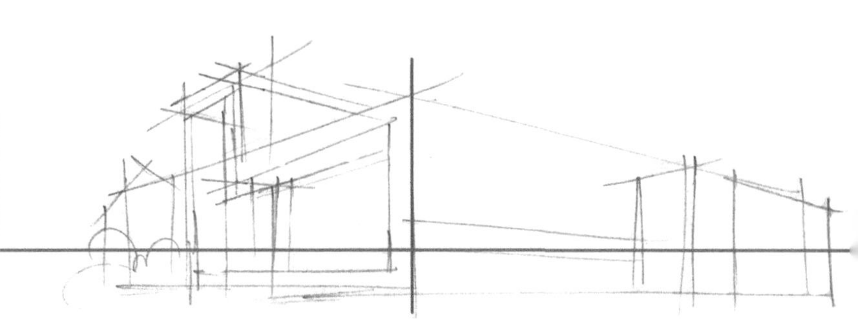

步骤二：前景树起到平衡构图的作用，表现它的线条要流畅自然。

步骤三：用深绿色马克笔画植物以陪衬浅色的建筑，笔法采用瀑笔的画法，玻璃用浅蓝色马克笔画底色。

步骤四：白色建筑用暖灰色马克笔表现建筑暗面，暗面画得过暗了，就不像白色建筑。用深蓝色马克笔画投在玻璃上的投影，增强空间效果。

步骤五：用黑色马克笔画玻璃的反光处，再用黑色马克笔刻画建筑与草坪接触的位置来强化空间感。

范例3：独栋别墅2

步骤一：首先用铅笔画出建筑基本结构。

步骤二：建筑主体和配景同时刻画，有利于把握线条的节奏感。

步骤三：红色是画面的主色调。要注意建筑物下方颜色深浅变化的草地的处理，还要注意笔触的变化。

步骤四：用浅蓝色马克笔表现建筑立面的玻璃，运笔采用斜排笔的运笔方法刻画玻璃的质感。

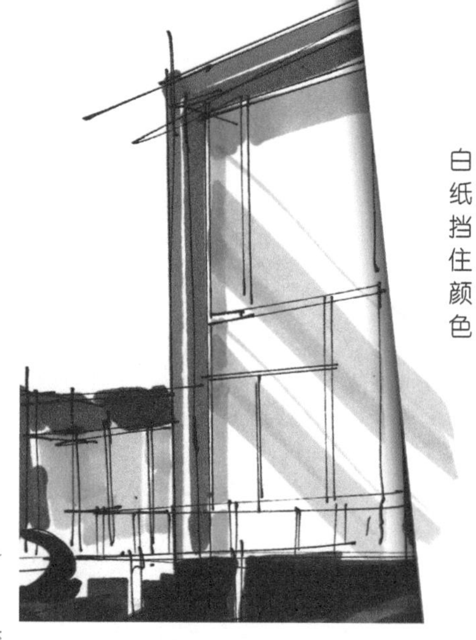

画玻璃笔触时可以用纸在笔触的下方挡住颜色，以定住颜色位置。

步骤五：以蓝色、紫色色铅笔表现天空，运笔采用上下曲折的笔触表现。

范例1：购物中心

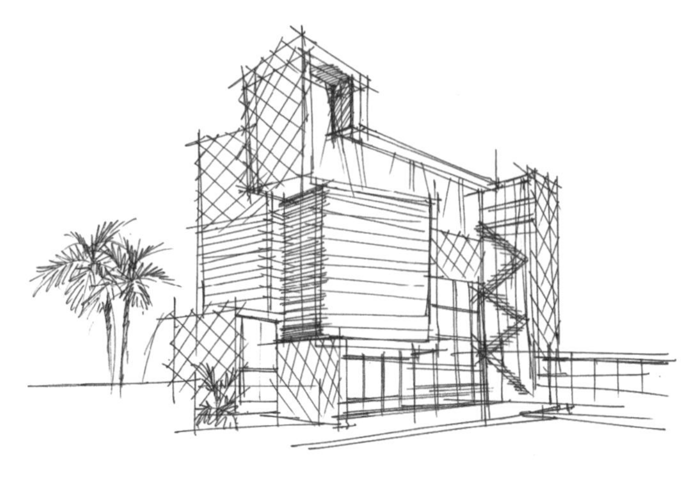

步骤一：徒手勾画建筑线稿，线条尽可能地准确。

步骤二：注意玻璃的亮面与暗面、投影色彩的变化。随形体编排马克笔的笔触是不可忽视的表现手法。

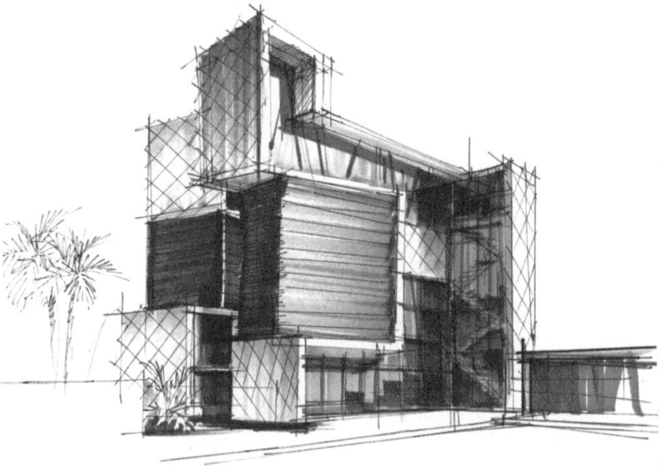

步骤三：着重分析、表现玻璃通透的质感，玻璃里面的框架结构还有透过多层玻璃看到景象的投影。

步骤四：加重玻璃暗部的颜色和画白色高光是必不可少的环节。天空和近处的配景的色彩倾向应和画面的整体色调相一致。

范例2：百货天地

步骤一：徒手表现建筑线稿时注意线条的直、曲程度，徒手不可能与尺子一样，或直、或弯曲。着重注意线条的整体感。

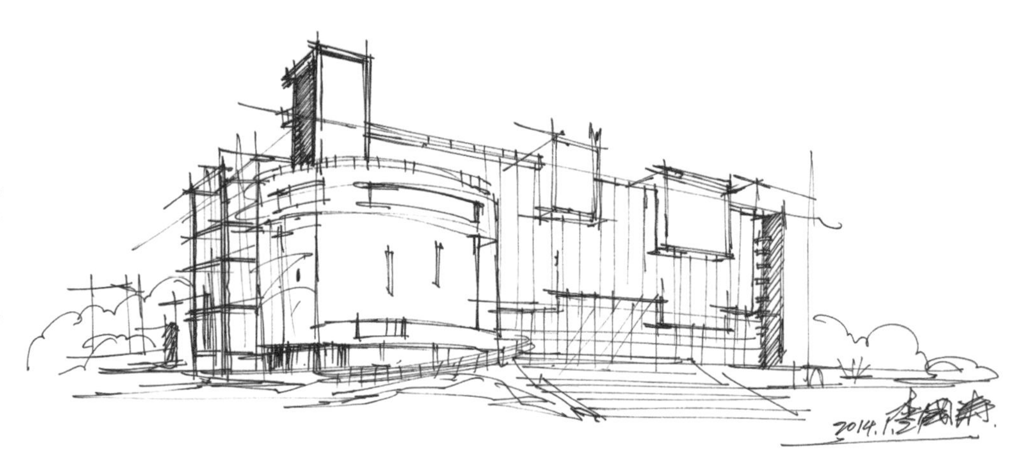

步骤二：用色铅笔表现建筑的整体色调，色铅笔编排的笔触采用小于45°角的排线方法来表现（也可用随形排笔的方式来刻画形体）。色铅笔表现容易把握些，但是色彩比较浅。

步骤三：可以用马克笔表现建筑物的深色区域，这样可以使建筑更有质量感、空间感。这也是色铅笔与马克笔的混合画法。

5.4 建筑内部空间

建筑大厅表现技法

范例1: 中庭

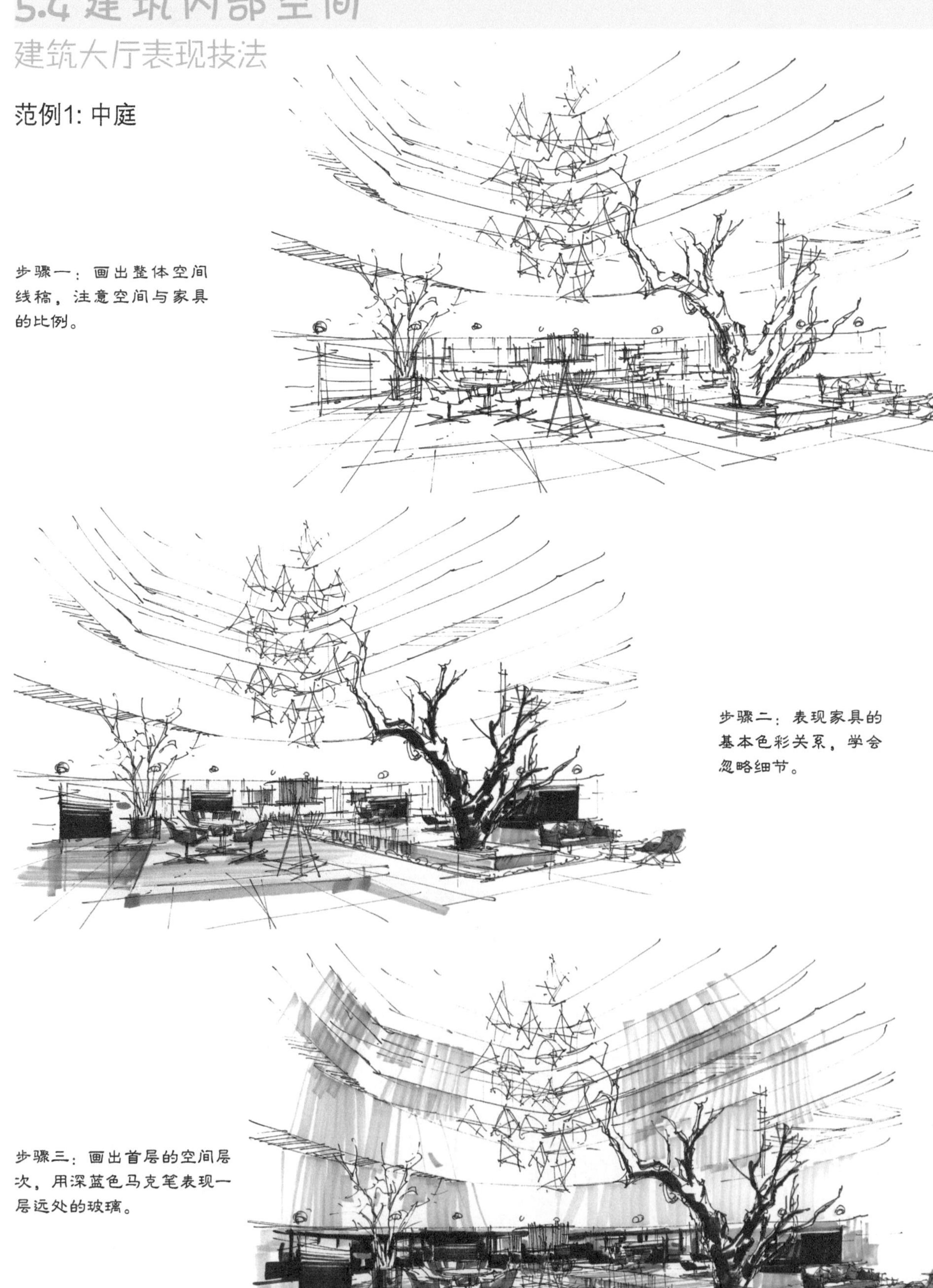

步骤一：画出整体空间线稿，注意空间与家具的比例。

步骤二：表现家具的基本色彩关系，学会忽略细节。

步骤三：画出首层的空间层次，用深蓝色马克笔表现一层远处的玻璃。

步骤四：深入刻画家具形象，要遵循近实远虚的基本规律。

步骤五：在整体关系不变的前提下，刻画细节。细致地刻画近处的物体，以增强画面表现力。

范例2：折行楼梯

步骤一：刻画楼梯线稿，掌握空间框架的结构。

步骤二：画出空间基本色调、明暗、结构关系，笔触要简练概括。

步骤三：丰富空间色彩，可以在蓝色玻璃中添加些邻近色。

步骤四：最后处理细节。用黑色或白色高光笔完成灯光和玻璃的细致刻画。

5.5 建筑鸟瞰图表现

商业建筑鸟瞰图表现技法

范例1：大型综合购物广场

步骤一：快速勾画线稿，形体、透视、比例准确。如有不足的地方，可以在着色阶段调整。

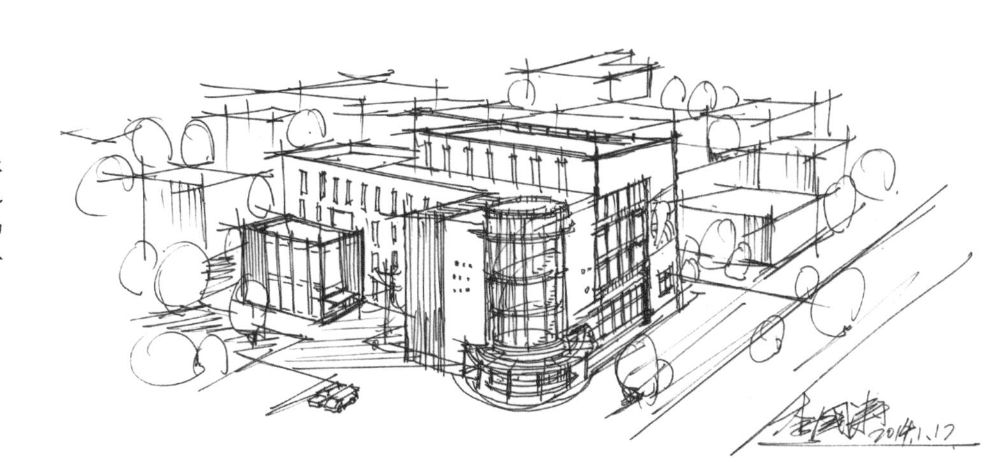

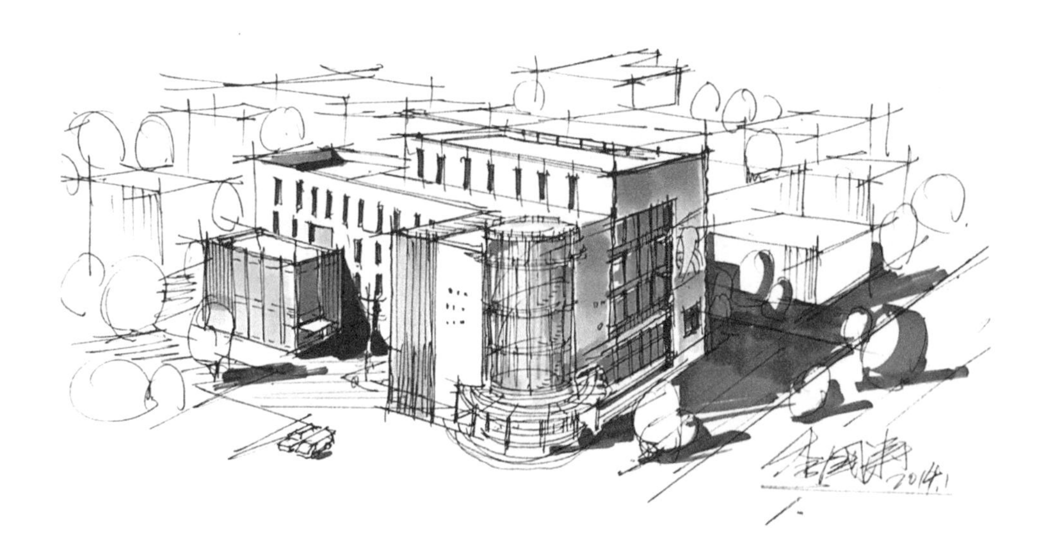

步骤二：画出基本色彩、光影关系，不能把色调画得过暗。

步骤三：画面中的主体物用暖色、周围环境用冷色，这样可使整体画面更有层次感。

步骤四：加强色彩、明暗对比关系，要突出建筑主体。

步骤五：以黑色或白色高光笔来调整画面细节，如玻璃的高光处。

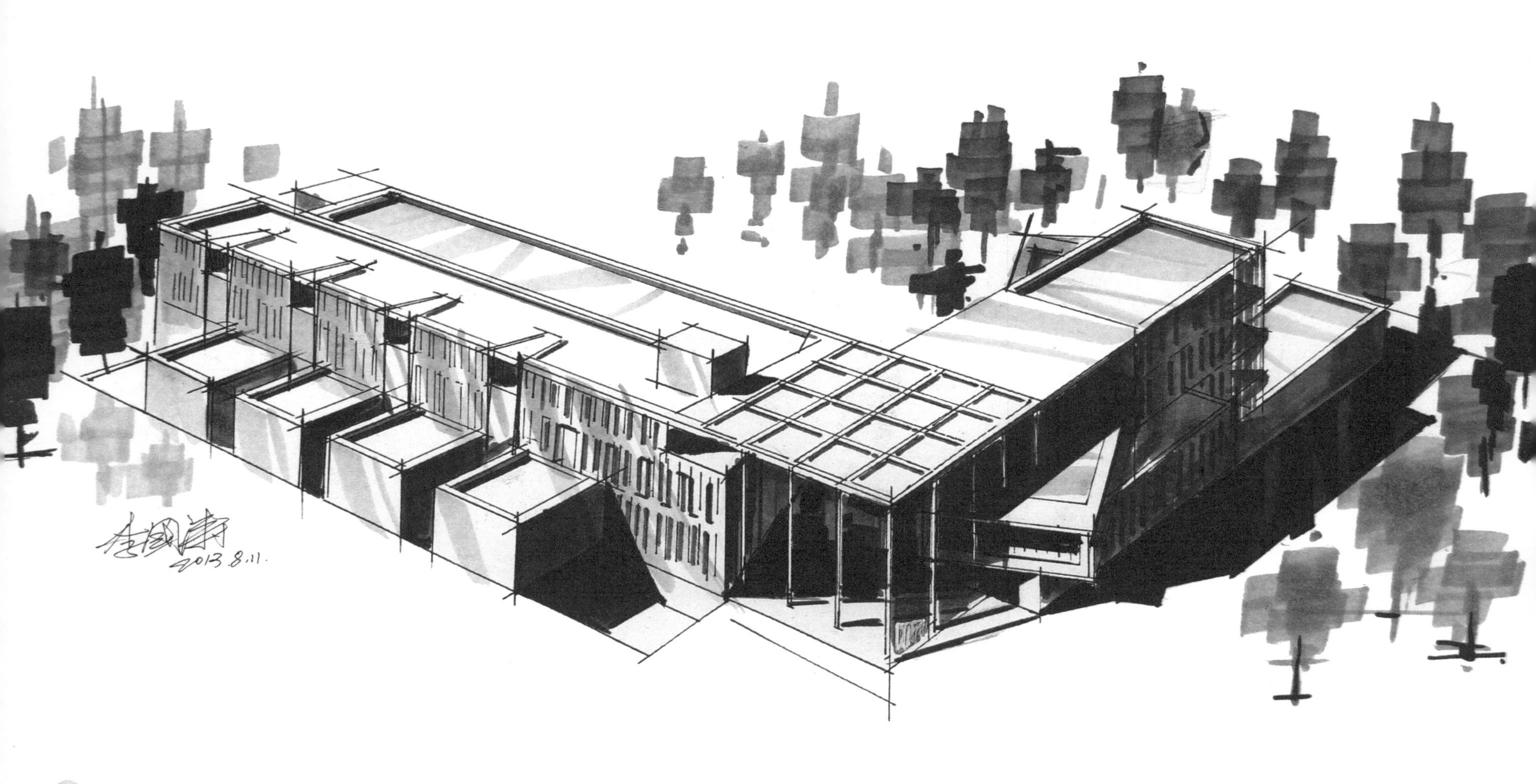
2013.8.11.

范例2：五星酒店建筑群

步骤一：概括建筑体块是最关键的一步，同时用简单的方体来表现形体的比例、透视。

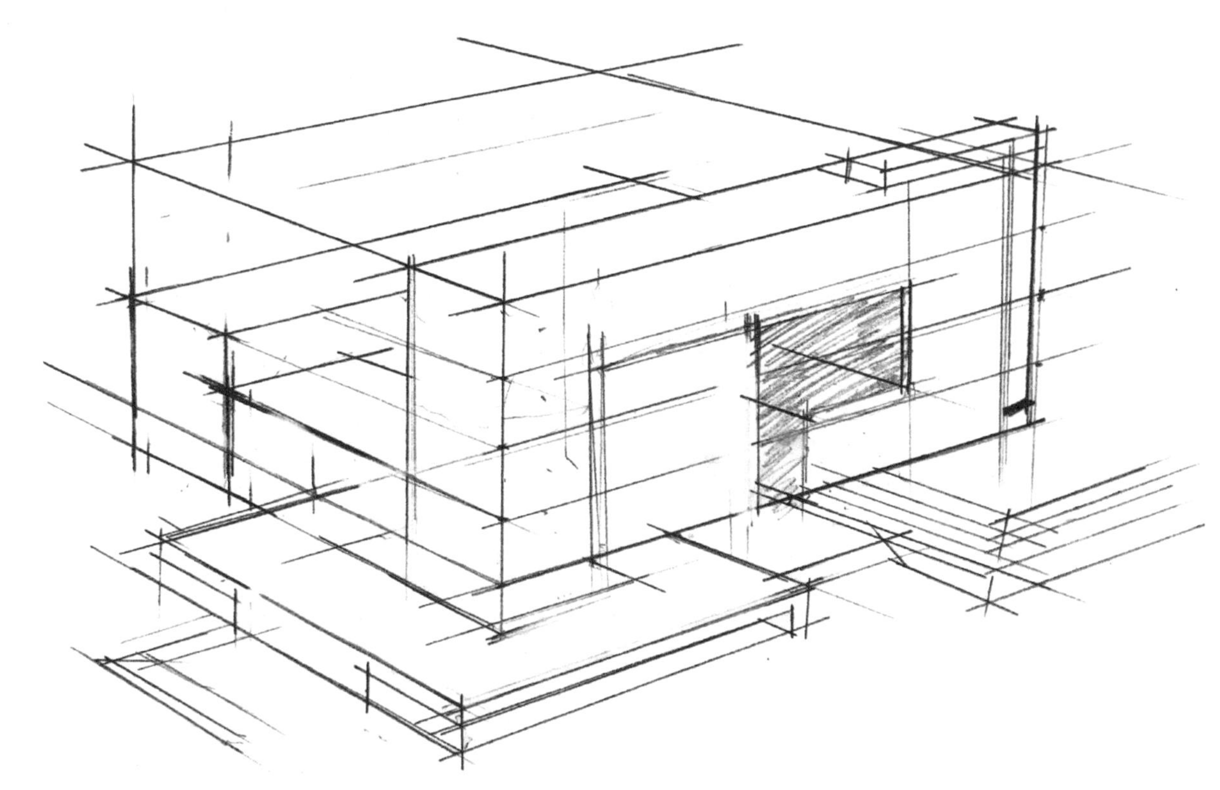

步骤二：勾画墨线稿，确定好建筑的透视、比例、结构，还有配景。

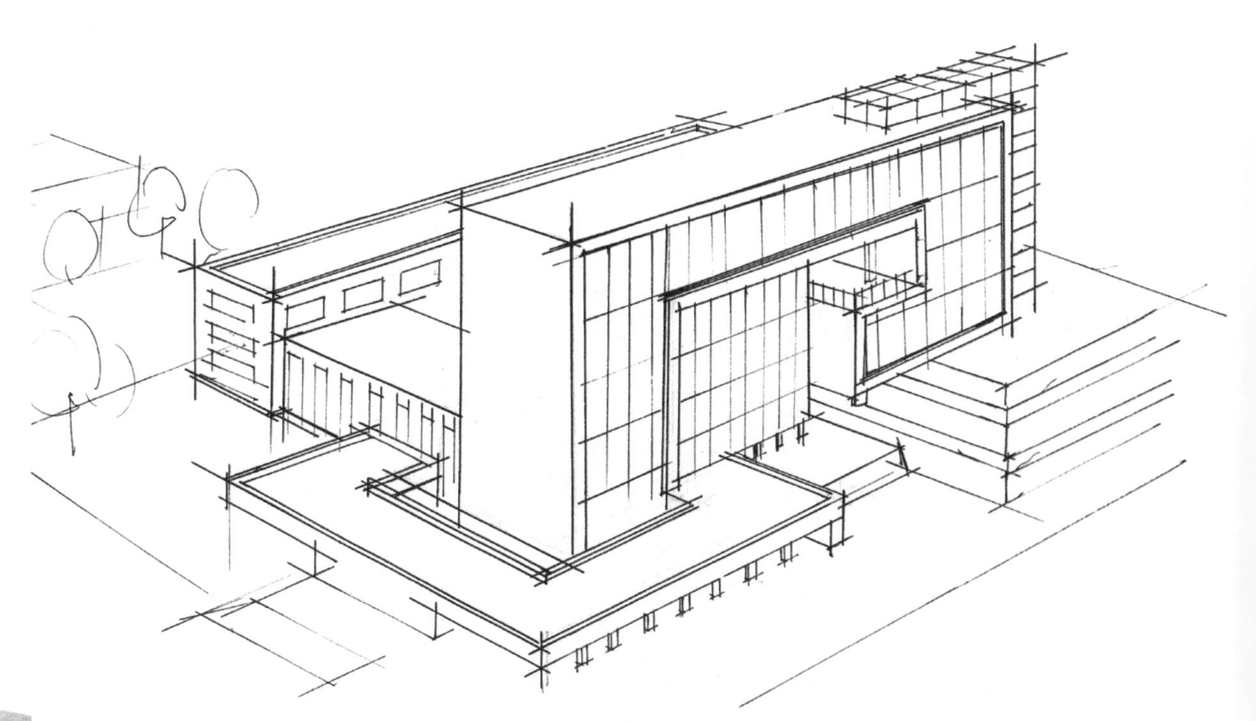

步骤三：划分出明暗关系，主体与背景呈冷暖色对比。笔法：随形体结构运笔。

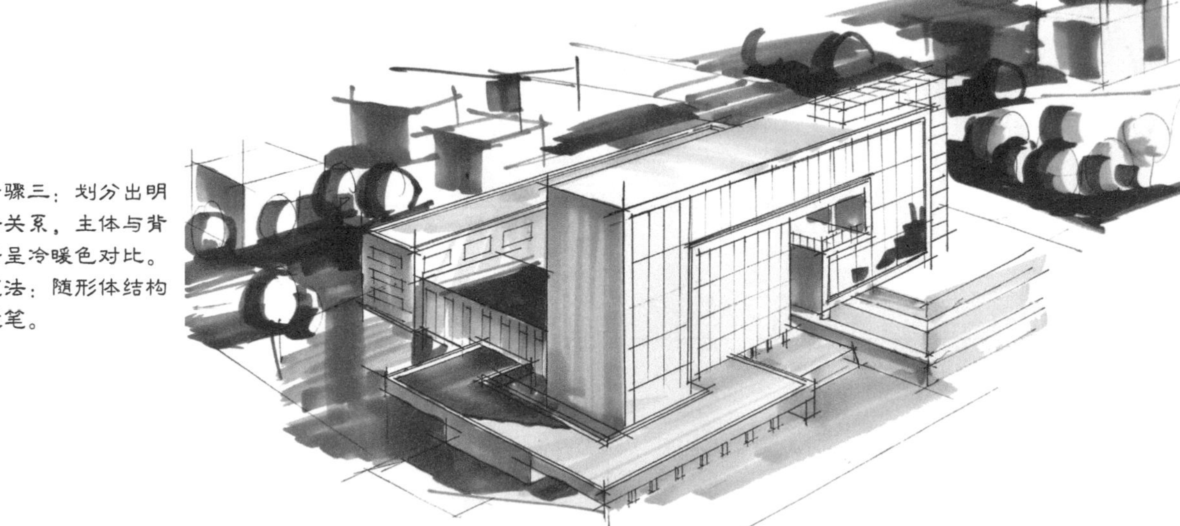

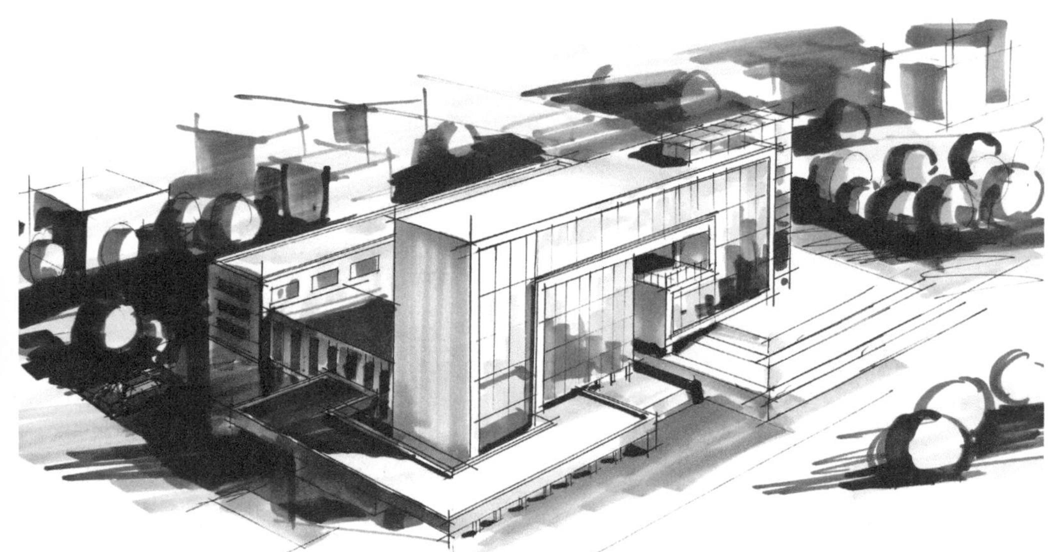

步骤四：加深明暗对比关系，周围环境色彩反射在玻璃上，显得画面整体色彩很丰富。

步骤五：调整阶段，细致刻画建筑玻璃结构线，画出玻璃的反射效果。

第6章

作品赏析

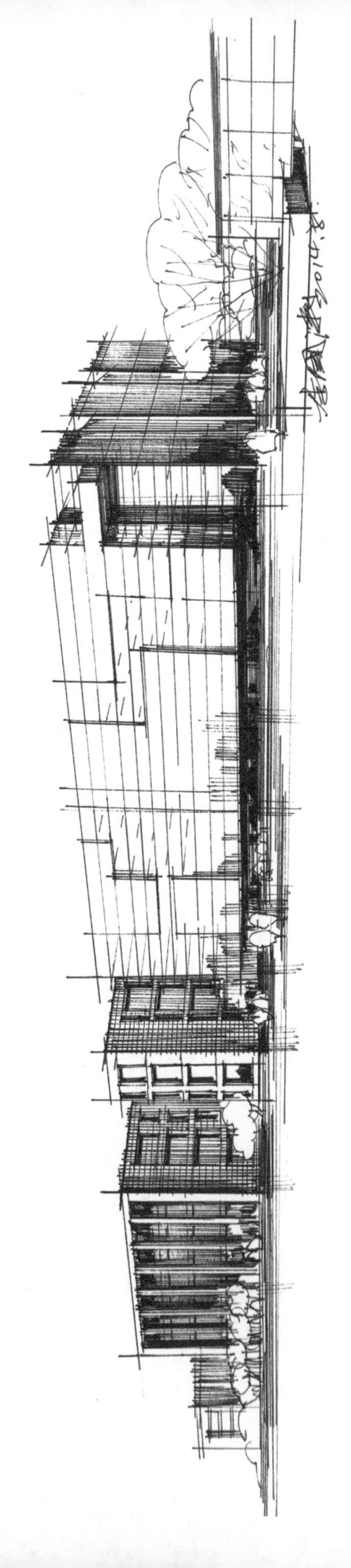

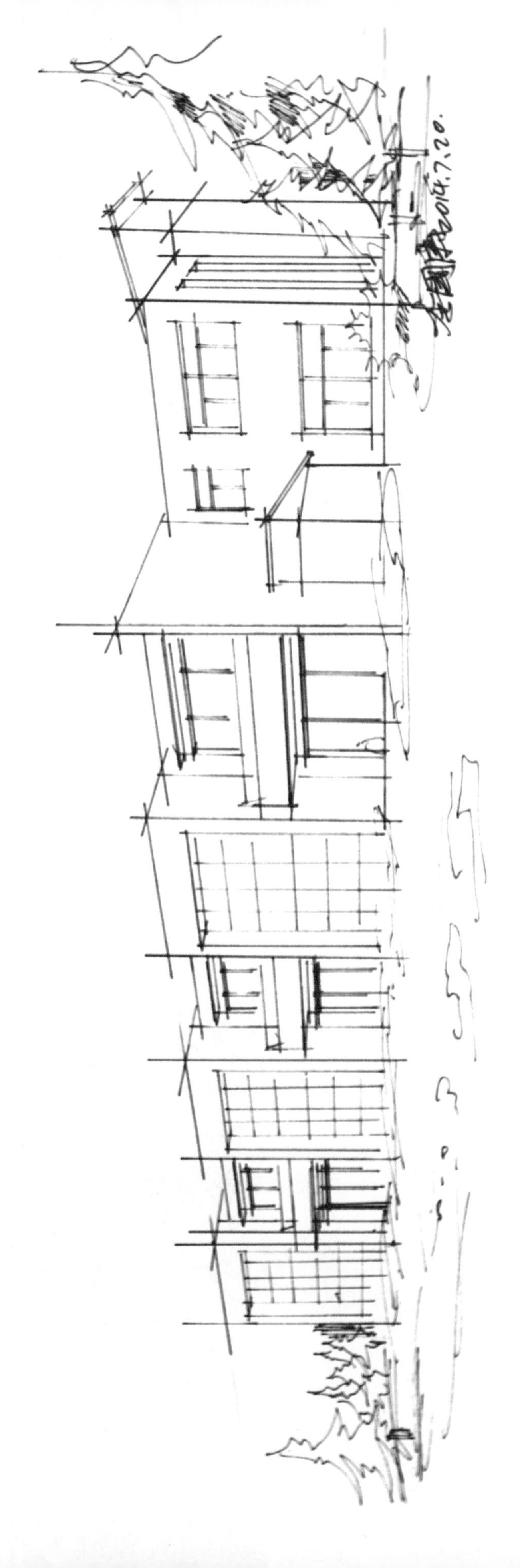
2014.7.20.

2012.8.5.

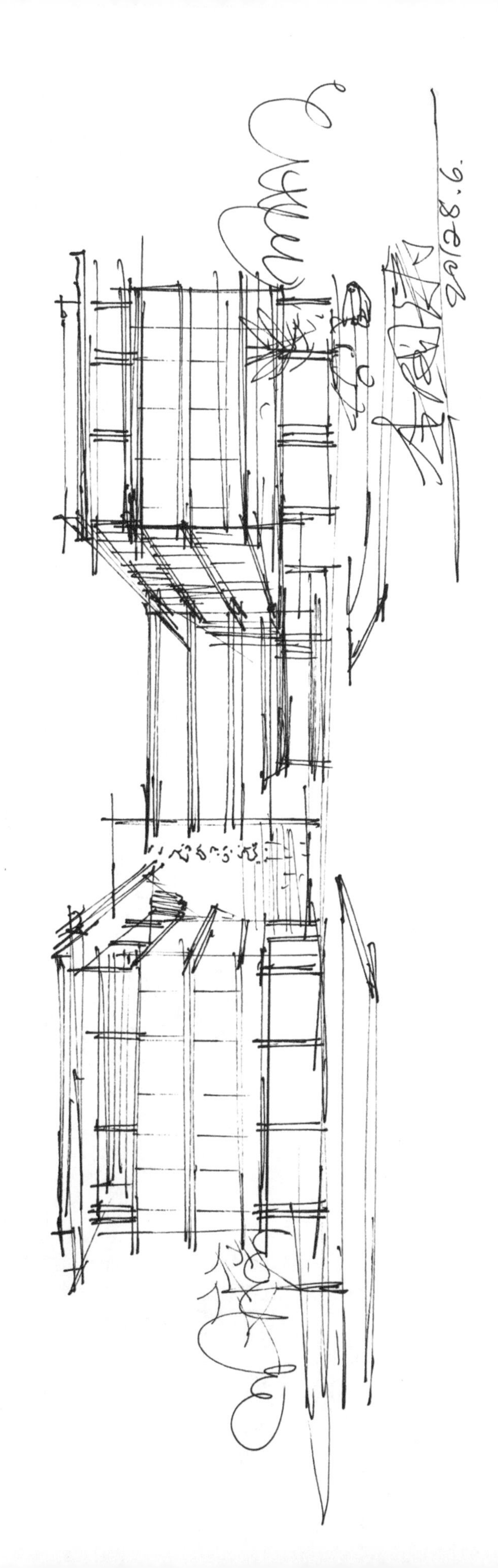
2012.8.6.

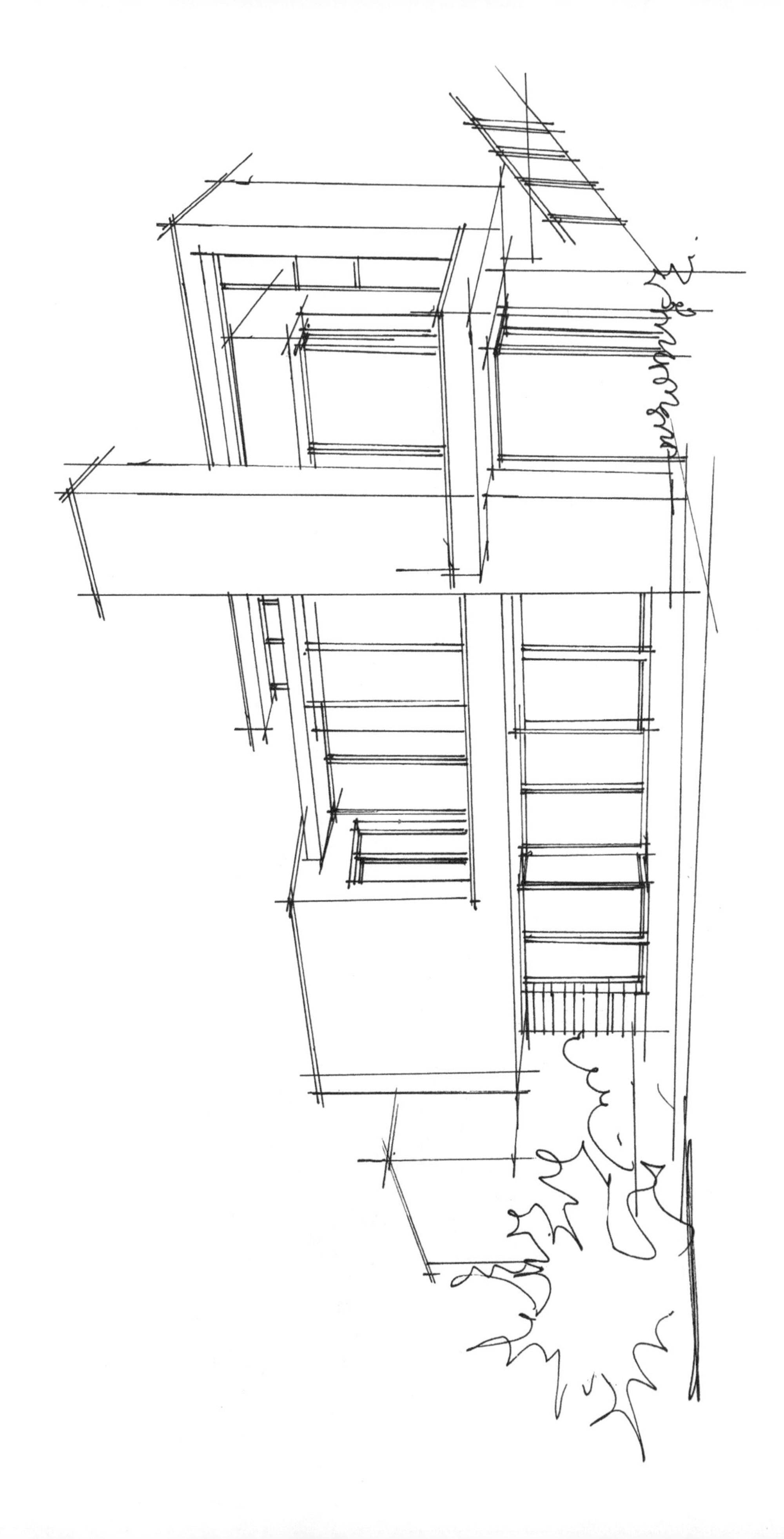

2013.1.31.

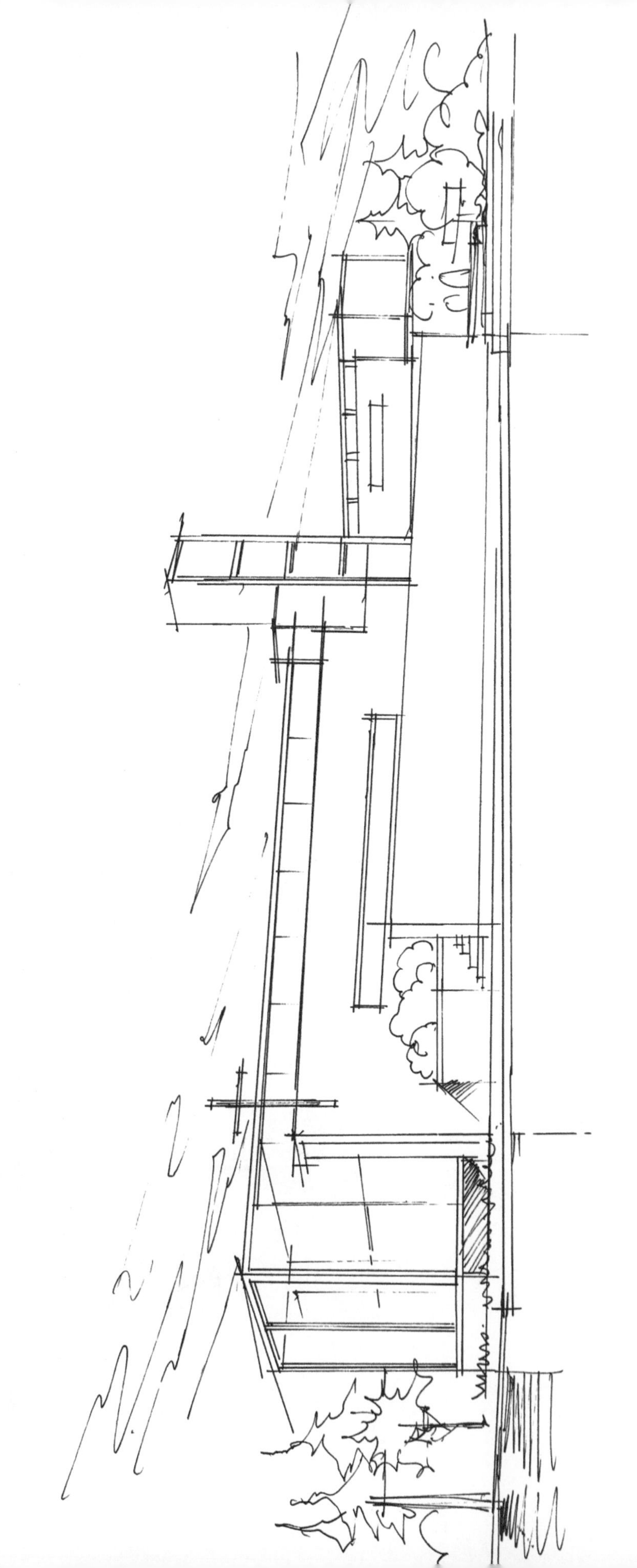

2013.8.8.

2013.8.8.

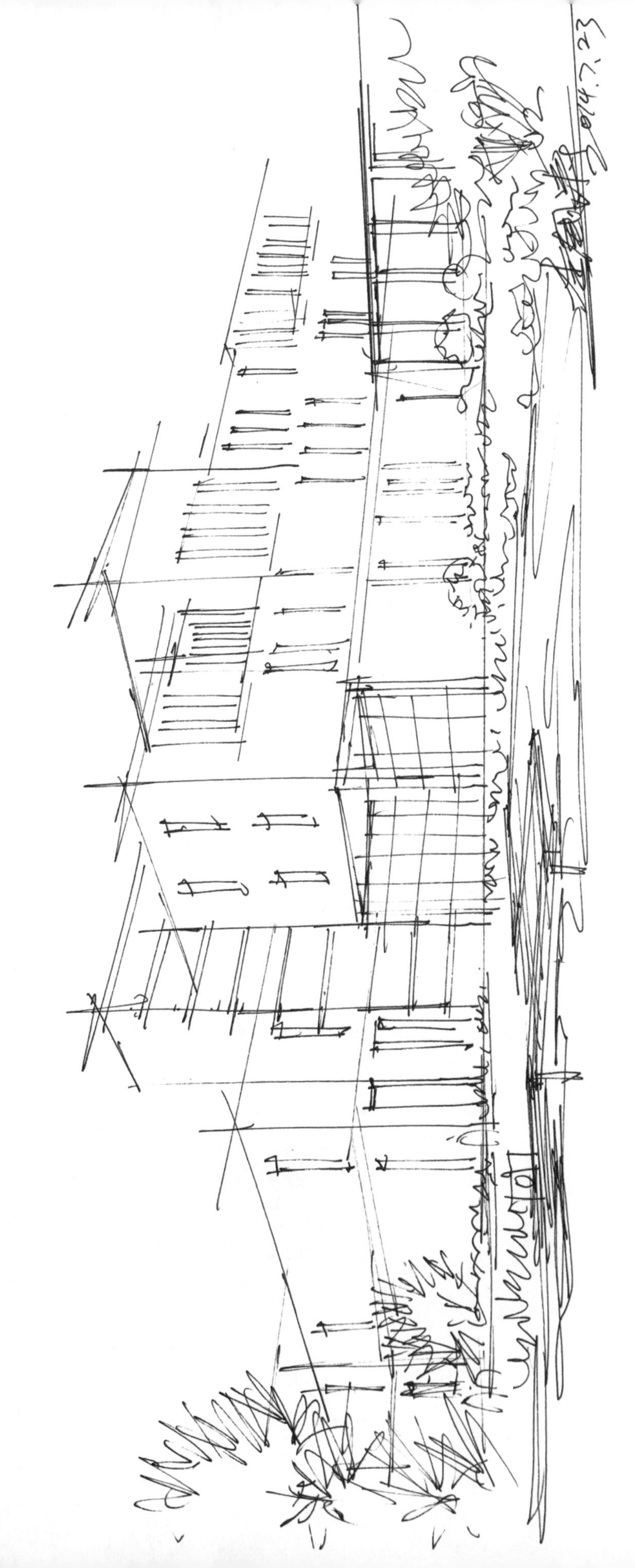
2014.7.23

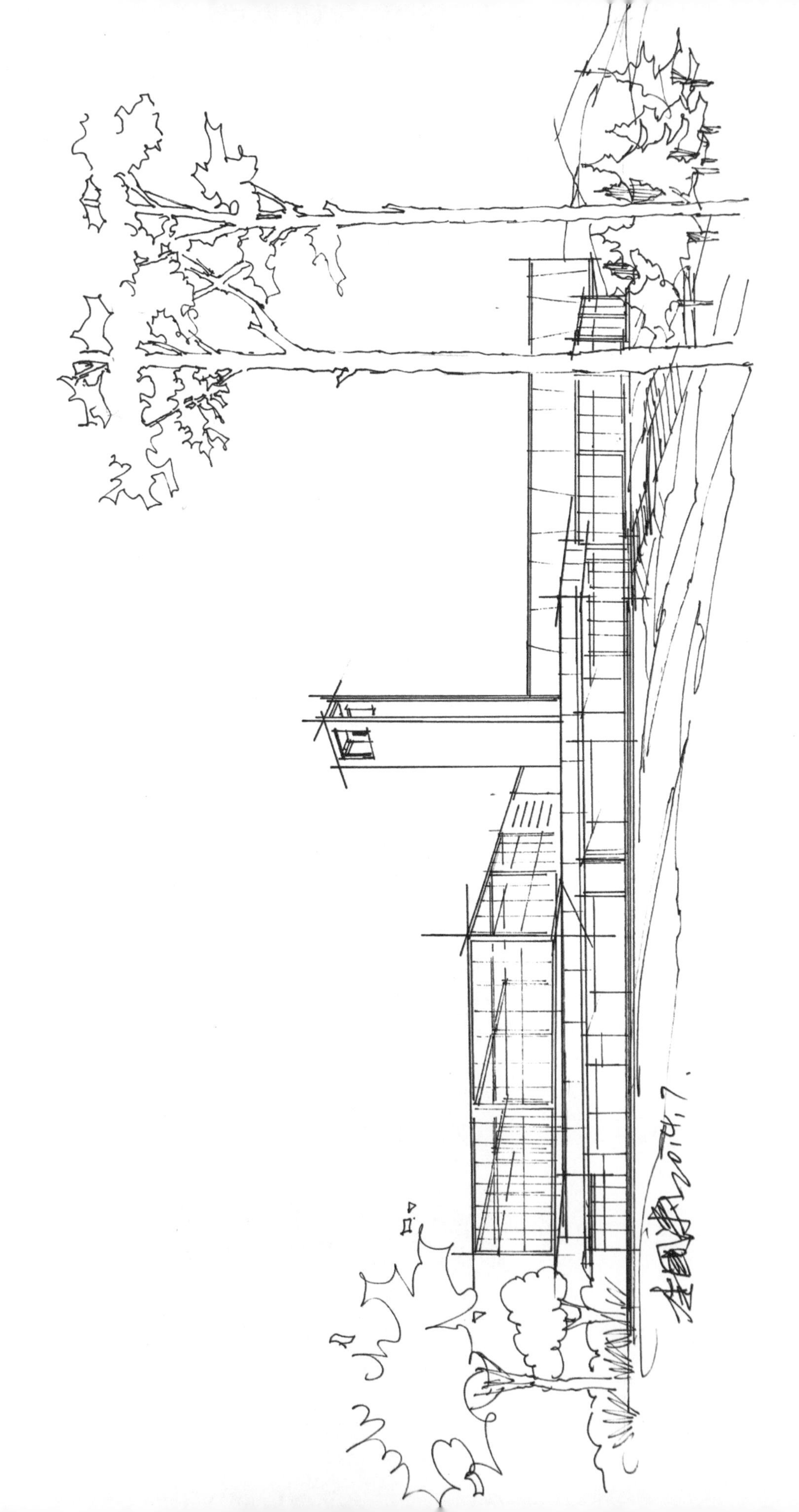

2014.7.22

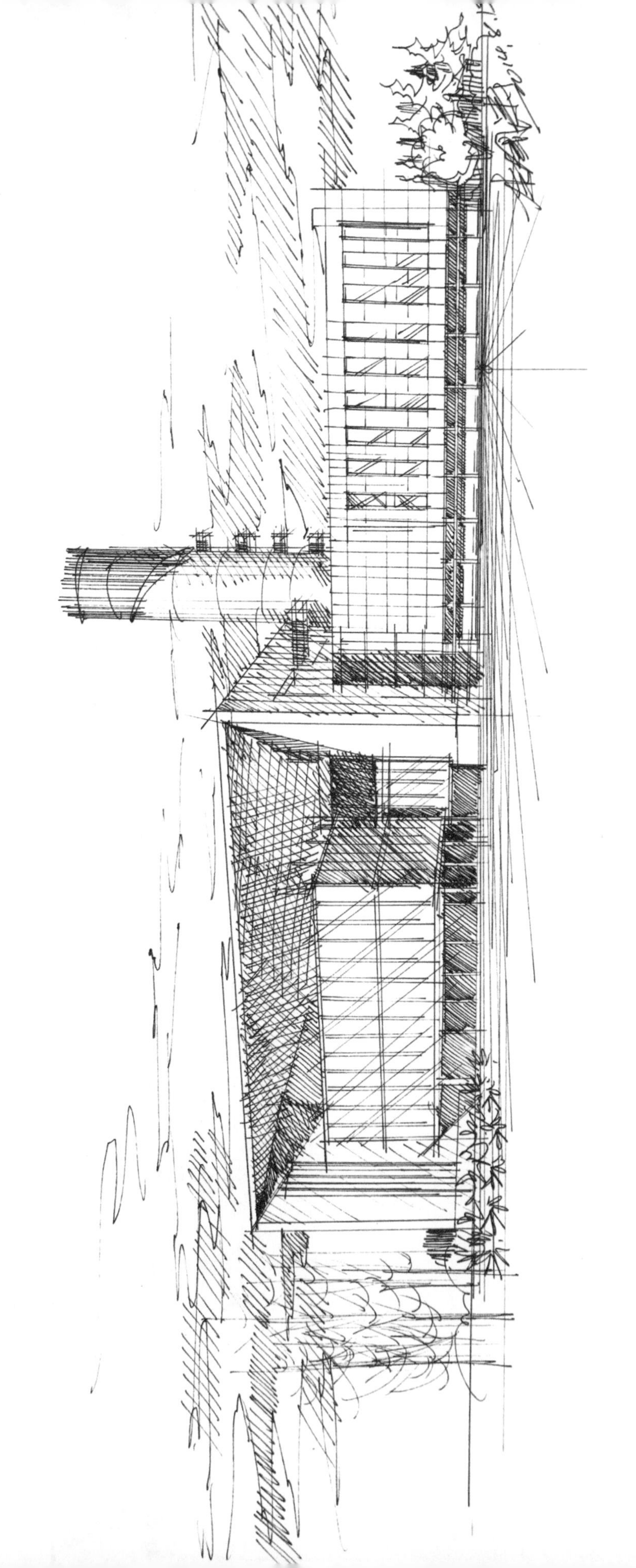

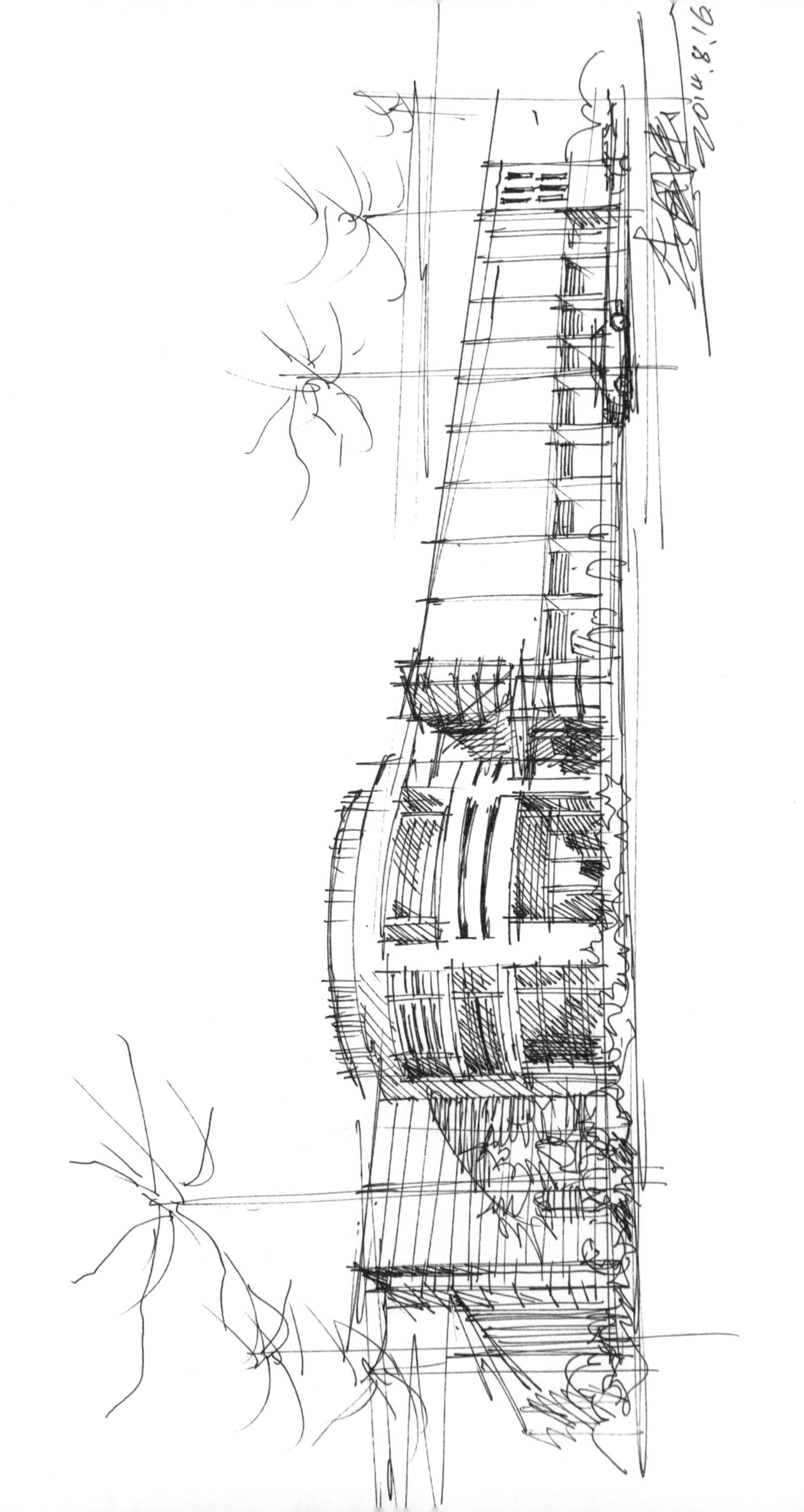
2014.8.16

2014.8.16

FEICUI HUATING

HUATING

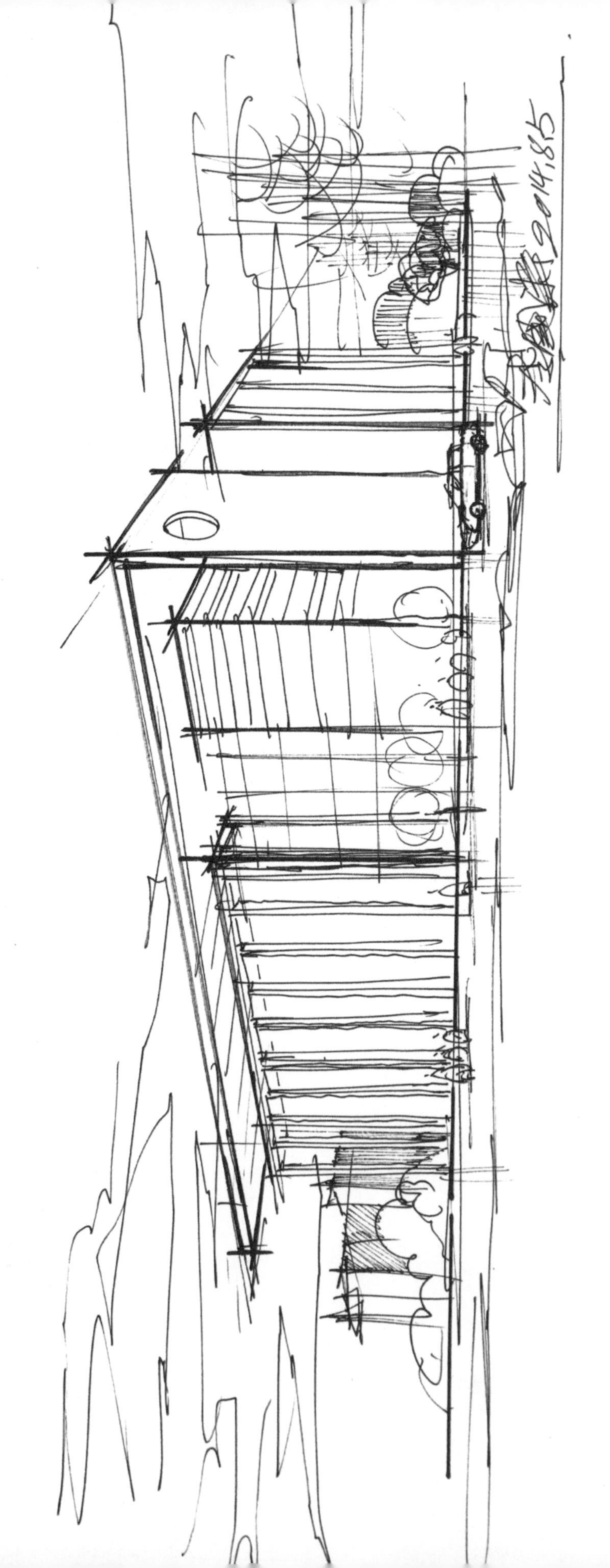
2014.8.5

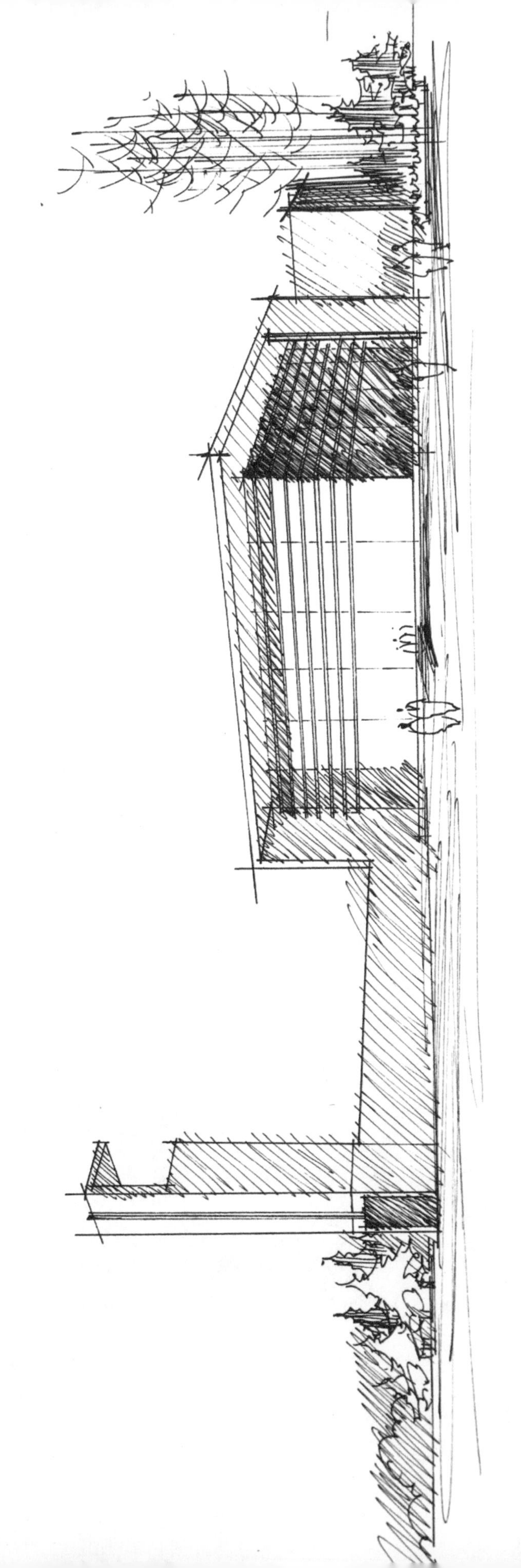

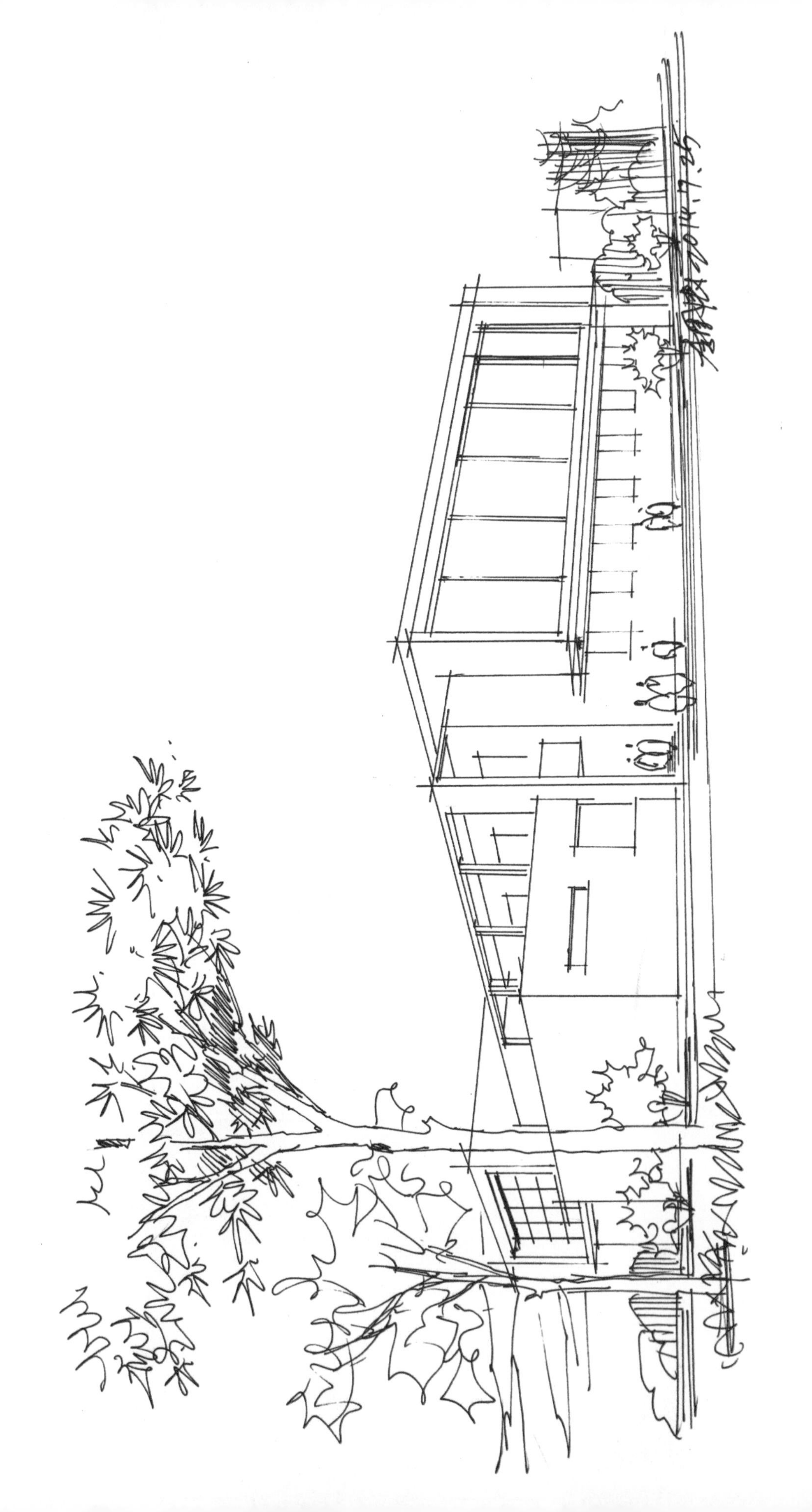